[第6版]

物理学実験

−大阪大学物理学科・物理学実験テキスト−

杉山清寛

福田光順

山中千博

下田　正

編

大阪大学出版会

はじめに

　この本は大阪大学理学部物理学科の3年次学生に対して開講している「物理学実験1及び2（以下、物理学実験）」のテキストとして書かれたものである。大阪大学理学部物理学科では、1〜2年次で基礎的な物理学の学生実験を履修し、3年次で、本書で解説する「物理学実験」を履修する。1〜2年次での学生実験は、言わば物理実験の入門コースであり、物理現象に興味を持つ、実験することに慣れる、実験装置に慣れる、などが主な目的であると考えられる。これに対し、「物理学実験」はさらに1段階上の役割を持っている。つまり、単に教科書にそういう答えになると書いてあるからとか、数式がそうなっているからとかいう理解の仕方ではなく、実験を通じて自らその物理現象の描像を組立て、理解することの練習になっているのである。もちろん、より高度な実験技術・装置、より定量性の増したデータ測定と解析、などに触れることもできる。このように、3年次の「物理学実験」は、低学年での講義・実験などから、理論・実験にかかわらず最先端の研究への、橋渡しのような意味を持っている。

　「物理学実験」に含まれる実験テーマは、それぞれ基礎的で重要な部分を含みつつ、実験をおもしろいと思うように、工夫を凝らした内容になっている。基礎的な部分は、おもしろくないと敬遠されがちであるが、大切な要素を含んでおり、トレーニングとして是非必要なものである。将来、諸君がそれぞれの専門分野に進んだときに、学生実験でやったことを思い出して、役立つことがあるはずである。また、おもしろいと感じる部分は、積極的にイメージを膨らまして、物理現象を追究していただきたい。

　実験の前には背景となっている物理的内容を充分に理解することが、実験を履修するうえで効果的、かつ重要である。ところが、実験に必要な物理的知識が、講義によって各実験の履修までに与えられているとは限らない。そこで、本書は実験を行なう前によく読んで欲しい「A 実験をする前に」と、実験中に具体的に参考にできる「B 実験」の、2つの部分で各実験テーマを構成した。もちろん、「A」に書いてあることだけでは、興味が充分に満たせない場合や、実験をやっていくうちにいろいろ調べてみたくなり、「A」の内容だけでは足りなくなる場合も充分あり得る。そのような場合、各実験の章の最後に多くの文献リストを載せているので、是非そのような文献を手に取って参考にしていただきたい。

　最後にテーマの選定について一言触れたい。この「物理学実験」では、物理の知識を身につけるというより、物理的な考え方、実験に対する姿勢を学んでもらう事に主眼が置かれている。したがって、現在の学生に合った実験テーマを精選する上で、物理のすべての分野を網羅する事にはこだわらなかった。その過程で、以前にこの物理学実験で行なわれていた「真空技術」、「照射効果」、「電子回路」、「計算機実験」、「マイクロコンピューター」、「波動音波物性」、「低温」、「磁気共鳴」、「電波望遠鏡」などは、一部内容を取り込んでいるものもあるが、休止せざるをえなくなった。今後もカリキュラムや受ける学生の変化に合わせてテーマなども進化させていく必要があると考えている。

編者一同

実験で留意すべきこと

予習について

　実験を始める前には、その実験についての基礎知識と注意点などを知っておく必要がある。基礎知識無しには実験の内容が理解できないであろうし、まして「はじめに」で述べたような物理現象の描像を描くことも難しくなり、実験を楽しめなくなるからである。また、注意点などを把握せずに実験装置等を操作することは大変危険である。したがって、テキストのその実験の章を前もって目を通してきて欲しい。特に「A 実験をはじめる前に」は、実験に必要な物理の基礎が解説してあり重要なので、必ず読んでおくこと。

実験ノートについて

　実験を行なうに当たり、各自1冊ずつ実験ノートを準備して欲しい。実験中の記録は、実験装置の配置、得たデータ、物理量を導出する計算、気づいたことや新しいアイデアなど、細々したことまで全てこの実験ノートに記すのである。レオナルド・ダ・ヴィンチは研究が盗まれないように鏡文字で記載したという伝説もあるが、諸君は少なくとも後で関係者が見てちゃんとフォローできる実験ノートを書く訓練をうけるべきである。したがって、何かの紙の切れ端とか離散してしまうルーズリーフなどの実験ノートは不適当である。また、消しゴムで容易に消えてしまうシャープペンシルや鉛筆は避けるべきであり、修正しても跡が残るボールペン等の筆記具の使用が望ましい。ペアで実験する場合においても、その日のうちに実験ノートの内容を共有して内容が散逸しないようにすること。一般には実験ノートは必ずしも個人に所属するものとは限らない。その研究所に属するものとして個人の持ち出しが許されない場合もある。それくらい実験にとって重要なものである。

実験装置について

　自然を理解しようとして、自然から何か情報を得ようとするとき、我々の目となり耳となるのは実験装置である。そのため、今まで我々の知らない新しい情報を自然から引きだそうとするときには、多くの場合、まずこの目であり耳である実験装置を工夫するところから始まる。学生実験ではここのところは省かれているわけだが、諸君が使用する装置も、かつて先人たちがいろいろ工夫をした結果生み出されてきたものであることを、心に留めて実験をして欲しい。

　実験装置を単なるブラックボックスとしてとらえるのではなく、それがどのような原理で働いているのか？そこにどんな工夫がなされているのか？など、常に実験装置に関心と興味をもって接しよう。そうすれば、測定もスムーズにできるであろうし、何か新しい工夫をする余地も生まれるであろう。つまり、実験自体が楽しくなるわけである。また、実験装置の定格外、想定外などでのとんでもない使い方をして、装置を壊してしまうなどということはなくなるはずである。

表やグラフについて

　物理学の実験では、一回の測定で実験が完了するということはほとんどなく、複数のデータ点から平均値や誤差を求めたり、変化するパラメータに対して依存性を評価したりすることが普通である。実験中は、数値データの記録だけではなく、これまで得られた数値データを元にデータ整理とグラフ作成を同時に進めることが望ましい。実験前に予想もつかなかった結果が得られたことに、早く気付くことができ、果たしてそ

れが本質的なものかどうかを判断することができるからである。単なる人為的あるいは偶発的なエラーであれば、直ちに実験のやり直しを行えばよいし、もし本質的なものであれば、実験計画を再検討することが必要であろう。逆に、すべてのデータ取得が終わった後に図や表を作る習慣は、エラーを見過ごして実験がやり直しになったり、思いもよらぬ大発見を見逃したりする原因になるのでやめるべきである。

安全について

　安全についての要点を表紙の裏にまとめてある。これを必ずよく読み、担当教員の注意は絶対に守ること。よくわからないことは、自分達だけでいいかげんに判断せずに必ず質問すること。

誤差について

　実験で何かの量を測定したら、それにつきものなのが誤差である。誤差は、実験を行う上で大切な概念でありその取り扱いに習熟していなければいけないものであるが、あまり理解ができていない人が多い。例えば、実験結果で4桁や5桁もの精度で測定値を出しておきながら誤差もつけず、理論値と上から1桁目で既に違っていても平気な人がよくいる。誤差というのは実験結果がどのくらいの範囲で信頼できるか、という目安を与えるものであるから大変重要なものである。誤差がついていない実験値は、他の実験値や理論値と比べようがなくなるからである。そういう意味で実験結果が使えないのであるから、誤差がついていない実験値は、極論をいうと測定しなかったに等しいとも言える。それほど、誤差というのは重要なものである。

　したがって、測定値には全て誤差を付けるべきである。本書より「誤差について」を付録に収録してあるが、誤差の評価の仕方をよく理解できていない人や忘れてしまった人は、誤差に関する参考書を手に取って、もう一度誤差とは何なのか？どうやって出すのか？をよく勉強しよう。

レポートについて

　実験は、第三者が読んでもわかるような形で整理し、まとめを書き上げるところまで行なって、初めて終了となる。このまとめが実験レポートである。したがって、レポートは必ずすぐ書き、期限内に提出しよう。

　ところが、レポートを書くということだけに意識を集中しすぎて、肝心の実験と結果に対する理解がおろそかになってしまう人がよくいる。レポートを書く段階は、実験とその結果を理解するための非常に良い機会であるから、是非これを活用して欲しい。この段階では、実験を客観的に見直すことができ、また、結果を考察することにより、新しく勉強になる点が出てきたり、自分にとって新しい発見があったりもする。（本当は実験の途中でこのような状態になって欲しいのであるが、現実にはなかなかそうできないようである。）少なくともレポートを書くときには、上記の点に注意し、実験とその結果に対する理解を深めるようにしよう。

　レポートは実験の記録・まとめであるが、自分1人だけがわかるようなものでは困る。実験レポートは自分から第三者へ実験の全容を伝えるという役目を持っているからである。したがって、学生実験におけるレポート作成は、将来、諸君がいろいろな場面で作らなければならないレポート、例えば論文、解説は言うに及ばず、上司へのレポート、取引先への説明書、新しいプロジェクトの提案書など、のための練習という意味も持っている。ものごとを相手に伝えるに際して、わかりやすくするにはどうすればよいか、ということを常に意識しよう。

　低学年での学生実験で既に学習してきていると思うが、わかりやすいレポートの基本構造は、「1 目的・動機」、「2 実験方法」、「3 実験結果」、「4 考察・議論」というものである。学生実験のレポートの場合は、

主な読み手は担当の教員であるということもあり、上記の構造のうち、「3 実験結果」、「4 考察・議論」が特に重要である。したがって、教科書や参考書を丸写ししたりすることに意味はない。また、とにかく分厚いレポートを作ればよいというものでもない。短くても、上記の要点を満たし、分かりやすくまとまっていれば、良いレポートである。担当教員の中には上記の1，2を省略してよいという人もいるかも知れない。具体的な書き方は担当教員の指導にしたがって欲しい。

実験を行なう上での安全上の注意

　本物理学実験は、各テーマとも危険が無いように十分に配慮されているが、注意を怠ると危険な状態を招き得る。下記に挙げる一般的注意点をよく認識し、決められたことを守って、決してけがなどの無いように、安全な実験を心がけて欲しい。

◆感電

　感電した場合は、電圧の高低にかかわらず、体内を流れた電流量と、どこを流れたかで受けるダメージの軽重が決まる。体内を流れる電流が 20 mA 程度で筋肉のコントロールができなくなり、たとえば、電極等をつかんだ状態だと離せなくなる。100 mA 程度になると致命的である。このように、わずかな電流で我々の体は重大なダメージを受ける。特に、身体が水で濡れた状態や、金属製の床に裸足など、流れる電流量が大きくなるような状況では、感電の可能性のある作業を決してしてはならない。

◆レーザー

　レーザー光は収束性が良く、目に入ると水晶体により網膜上に、レーザー光の波長程度の極めて小さいスポットに収束される。これにより、網膜が焼損され、視力障害を起こす可能性もある。したがって、決してレーザー光を直接目でのぞき込んだり、反射能力の高いもの（腕時計のガラス、指輪など）をレーザーの光路に不用意に入れたりしてはならない。

◆放射線（X 線・ラジオアイソトープ）

　放射線は人間の五感に感じないため、かなりの量を被曝していても本人は気がつかないことが多い。したがって、放射線の取扱いには特別な注意を要する。装置・線源などの操作方法、管理方法をよく守り、危険をできるだけ減らす努力をして欲しい。本書巻末付録Aの「放射線とその測定・取扱いについて」もよく読むこと。

◆低温液化ガス（液体窒素等）

　液体窒素は1気圧下での沸点が約 77K の寒剤である。液体窒素が皮膚に少量かかったくらいでは、瞬間的に蒸発し、はじかれるので問題はないが、布製手袋等、液体窒素がしみ込むようなものにかかると、皮膚に接触する時間が長くなり、凍傷の危険性が出てくる。したがって、液体窒素を扱うときには、布製手袋は使わないこと。手袋は革製を用いる。また、狭い密室で大量の液体窒素を蒸発させると、酸素濃度が下がり、窒息の可能性があるので充分気を付けること。

◆暖房器具

　ガスファンヒーター等の暖房器具を使用する場合は、教官の指示のもとに、正しい使用法にしたがって使用すること。暖気の吹き出し口近くに燃えやすいものを置かない、部屋を空けるときや実験終了後帰宅するときには必ず停止し元栓を閉める、などの注意点を守る。

◆実験室での飲食・喫煙は禁止

　実験室では安全上の理由から飲食・喫煙は禁止されている。

◆**安全点検**

帰るときには各実験装置・空調装置・電灯のスイッチおよび元電源の「切」を確認すること。

◆**万一、事故・災害が発生したときはすみやかに担当教官に連絡し指示を仰ぐ**

以上が、一般的な注意点であるが、実験テーマによってそれぞれ固有の注意点などもあるので、各担当教官の示す注意点に十分留意すること。また、より詳しい安全のための指針書として、「安全のための手引」（大阪大学安全衛生管理部発行）を是非読むこと。

最後に、事故を起こさないために、実験に臨む態度として、下記を念頭において欲しい。

● テキストをよく読み、実験全体をよく理解すること

● 装置・器具・部屋などの正しい使用法を守ること

● 実験室はきれいにして整理整頓すること

目 次

第 1 章　放射線測定 **1**

  A　実験をする前に 1

    1　はじめに 1

    2　放射線の測定について 4

  B　実験 6

    1　ガイガー－ミュラー (GM) 計数管 6

    2　シンチレーションカウンターによる γ 線エネルギースペクトルの測定 13

    3　半導体検出器による α 線エネルギースペクトルの測定 17

第 2 章　同時計測 **23**

  A　実験をする前に 23

    1　シンチレーション検出器による γ 線の検出 23

  B　実験 26

    1　実験における注意事項 26

    2　回路入門 27

    3　実験 1 (電子・陽電子対消滅の観測) 28

    4　実験 2 (原子核準位の寿命測定) 33

    5　実験 3 (コンプトン散乱の角度分布) 36

  C　付録 39

    1　回路入門 39

    2　本実験で使用する放射性同位体の崩壊様式 44

第 3 章　ラザフォード散乱 **47**

  A　実験をする前に 47

    1　ラザフォード散乱 47

  B　実験 49

    1　実験における注意事項 49

    2　測定原理 49

    3　装置 51

    4　測定 54

    5　解析 54

  C　付録 59

1	断面積と散乱確率	59

第4章　X線と結晶構造　　61

A	実験をする前に	61
	1　X線とは	61
	2　結晶と逆格子	64
	3　X線の散乱	65
B	実験	69
	1　実験1（ラウエ写真撮影）	69
	2　実験2（単結晶試料の軸立て）	70
	3　実験3（粉末X線回折）	71

第5章　光学　−回折と干渉−　　75

A	実験をする前に	75
	1　理論	75
B	実験	80
	1　実験装置	80
	2　注意	81
	3　実験	81

第6章　光学　−分光−　　83

A	実験をする前に	83
B	実験	85
	1　装置	85
	2　吸収スペクトル測定	86
	3　発光スペクトル測定	87
	4　反射スペクトル測定	88

第7章　物質の電気伝導と物性　　91

A	実験をする前に	91
	1　電気伝導	91
	2　金属	95
	3　半導体	96
	4　超伝導	98
B	実験	100
	1　測定原理と装置	100
	2　実験1（金属）	103
	3　実験2（半導体）	105
	4　実験3（超伝導体）	107
C	付録	110
	1　白金抵抗素子の抵抗 - 温度特性	110

第 8 章　高温・熱測定　　　115

A　実験をする前に 115
　　1　温度制御（自動制御と温度測定）.................................... 115
　　2　熱の伝達 119
B　実験 121
　　1　実験1（高温制御の設計と特性の調査）............................ 121
　　2　実験2（熱伝導の測定）.. 122

第 9 章　エレクトロニクス　　　129

A　実験をする前に 129
　　1　回路の定量的扱い 129
　　2　線形応答系の応答関数 131
B　実験 137
　　1　実験1：LED とフォトダイオードの電流電圧特性 137
　　2　実験2：フォトダイオードと抵抗器による光計測 140
　　3　実験3：ローパス・フィルタ 141
　　4　実験4：光検出回路の製作と評価 144
C　付録 145
　　1　測定誤差 145
　　2　電磁気学の復習 147
　　3　実験上のヒント 149

第 10 章　生体物質の光計測　　　153

A　実験をする前に 153
　　1　生体分子 153
　　2　生体分子による紫外線・可視光線吸収 156
　　3　平衡定数とギブスの自由エネルギー 157
　　4　ギブスの自由エネルギー 157
　　5　反応速度 159
　　6　反応速度の温度依存性と活性化エネルギー 160
　　7　レイリー散乱 160
B　実験 160
　　1　実験1（DNA のモル吸光係数）.................................... 160
　　2　実験2（DNA の熱変性）.. 161
　　3　実験3（レチナール発色団の可逆的熱異性化過程の解析).......... 163
　　4　実験4（反応速度の温度依存性）.................................. 166
　　5　実験5（レイリー散乱）.. 167

付 録 A 放射線とその測定・取扱いについて　　　**171**

A　放射線とは？ 171

B　放射線と物質の相互作用 171

　1　電磁波（光子） 171

　2　荷電粒子 172

　3　中性子 173

C　放射線の測定 173

　1　放射線測定の目的 173

　2　放射線検出器の種類としくみ 174

　3　エネルギーの測定 175

　4　時間の測定 176

　5　放射線測定のエレクトロニクス 176

D　放射線の取り扱い 179

　1　身の回りの放射線 179

　2　放射線の人体に対する影響 181

　3　安全に取り扱うには 182

付 録 B 誤差について　　　**183**

A　誤差 183

B　誤差伝搬 186

C　図面（グラフ、写真）や表について 187

執筆者リスト

第1章　放射線測定

福田 光順：大阪大学大学院理学研究科
三原 基嗣：大阪大学大学院理学研究科

第2章　同時計測

味村 周平：大阪大学核物理研究センター
小川 泉：福井大学工学部
小田原 厚子：大阪大学大学院理学研究科
岸本 忠史：元 大阪大学大学院理学研究科
阪口 篤志：元 大阪大学大学院理学研究科
佐藤 朗：大阪大学大学院理学研究科
古野 達也：大阪大学大学院理学研究科
吉田 斉：大阪大学大学院理学研究科

第3章　ラザフォード散乱

上野 一樹：大阪大学大学院理学研究科
上野 秀樹：理化学研究所
菅谷 頼仁：大阪大学大学院理学研究科
田中 純貴：大阪大学核物理研究センター
南條 創：大阪大学大学院理学研究科
能町 正治：元 大阪大学放射線科学基盤機構
原 隆宣：高エネルギー加速器研究機構
廣瀬 穣：大阪大学大学院理学研究科

第4章　X線と結晶構造

稲田 佳彦：岡山大学教育学研究科
摂待 力生：新潟大学理学部
谷口 年史：元 大阪大学大学院理学研究科
中島 正道：理化学研究所

第5章　光学－回折と干渉－

栗田 厚：関西学院大学理工学部
中野 岳仁：茨城大学理工学研究科

第6章　光学－分光－

兼松 泰男：元 大阪大学大学院理学研究科
杉山 清寛：元 大阪大学全学教育推進機構
吉岡 伸也：東京理科大学理工学部
王 勇：元 大阪大学大学院理学研究科

第7章　物質の電気伝導と物性

稲田 佳彦：岡山大学教育学研究科
音 賢一：千葉大学大学院理学研究院
杉山 清寛：元 大阪大学全学教育推進機構
摂待 力生：新潟大学理学部
竹内 徹也：大阪大学低温センター
王 勇：元 大阪大学大学院理学研究科

第8章　高温・熱測定

河井 洋輔：大阪大学大学院理学研究科
木村 淳：大阪大学大学院理学研究科
橋爪 光：茨城大学理工学研究科
谷 篤史：神戸大学大学院人間発達環境学研究科
山本 憲：大阪大学大学院理学研究科

第9章　エレクトロニクス

桂 誠：大阪大学大学院理学研究科
野田 博文：大阪大学大学院理学研究科
深川 美里：国立天文台

第10章　生体物質の光計測

桂 誠：大阪大学大学院理学研究科
後藤 達志：神戸大学遺伝子実験センター
佐々木 純：元 大阪大学大学院理学研究科
谷 篤史：神戸大学大学院人間発達環境学研究科
中山 典子：大阪大学蛋白質研究所
久冨 修：大阪大学大学院理学研究科

付録A　放射線とその測定・取扱いについて

小田原 厚子：大阪大学大学院理学研究科
福田 光順：大阪大学大学院理学研究科

付録B　誤差について

山中 千博：大阪大学大学院理学研究科

全体の編集

下田 正：元 大阪大学大学院理学研究科
杉山 清寛：元 大阪大学全学教育推進機構
福田 光順：大阪大学大学院理学研究科
山中 千博：大阪大学大学院理学研究科
大阪大学 理学部 物理学科 物理学実験 実務委員

（あいうえお順）

第1章　放射線測定

　放射線の発見は、1895 年のレントゲンによる X 線の発見にさかのぼる。レントゲンは、放電管に高電圧をかけて陰極線の実験を行っていた際、物質を透過して蛍光作用や写真乾板を感光さる作用を持つ、不思議なものが出ていることを発見した。翌年、ベクレルは、暗部に置いたウラン鉱石が写真乾板を感光させる能力を持つことを発見し、その後キュリー夫妻によりそれがウランからの放射によることが示され、更に強力な放射能をもつラジウムが発見された。そしてウランなどの放射能からは物質中の透過力が異なる α 線（ヘリウム原子核）と β 線（電子）、そしてさらに透過力が高く、X 線と同様に電場や磁場中でも曲がらない γ 線（光子）が放出されていることがわかった。放射線の発見後、ラザフォードにより原子核の存在が示されてから今日に至るまで、原子核や素粒子の反応もしくは崩壊により放出される放射線は、原子核の構造や反応機構、素粒子の基本的な性質、あるいは自然の対称性といった様々な重要な情報をもたらしてくれている。我々の日常生活においても、宇宙からは宇宙線が降り注ぎ、地上では天然の放射能から放射線が放出されており、わずかではあるが絶えず放射線を浴びている。また、レントゲン写真や放射線治療などの医学利用、工業・農業などへの産業利用、原子力発電など、放射線は我々の生活と様々な場面で深く関わっている。

　本実験では、ガイガー・ミュラー (GM) 計数管 [実験 1]、シンチレーションカウンター [実験 2]、半導体検出器 [実験 3] の 3 種類の検出器を用いて、検出器の動作原理や放射線測定法の基礎を学び、放射線のエネルギー、強度、物質による吸収等の測定を行う。測定を通じて、放射線の性質や放射線と物質中の原子の相互作用、放射線を放出する原子核について理解を深めることを目的とする。

A　実験をする前に

1　はじめに

1.1　放射線、放射線検出器とは

　放射線とはエネルギーをもって運動している素粒子、原子核、光子などのことである。放射線は物質中に入射したとき、物質との相互作用によりエネルギーを失うが、そのふるまいは放射線の種類によって異なる。たとえば α 線や β 線のような電荷をもつ放射線は、自身の電荷により物質中の電子や原子核とクーロン力を及ぼし合う。そのため、主に電子と多数回衝突を繰り返し、物質中の原子や分子を電離、励起させながら次第にエネルギーを失い、通常 α 線は空気中において僅か数 cm、β 線は数十 cm～数 m で止まる。一方電荷を持たない γ 線の場合は、光電効果、コンプトン散乱、あるいは電子対生成により一回の相互作用で大きなエネルギーを失うが、まれにしか起こらないために物質に対する透過力が大きく、1 MeV の γ 線が厚さ 1 cm の鉛（空気の場合は約 100 m）を通過した場合でも強度は約半分までにしか下がらない。

　放射線と物質の相互作用を利用して放射線を検出する装置を放射線検出器と呼ぶ。基本的には荷電粒子による電離や発光といった現象を利用して検出するものであるが、種類は様々あり、かつ性能や形状も多様で

第1章 放射線測定

あるので、放射線の種類やエネルギー、測定したい物理量など目的に応じて選択することができる。

1.2 放射線源

放射線源とは、放射線を放出するものの総称であり、放射性同位体（radioisotope; RI）、原子炉、または加速器などの放射線発生装置などをさす。特に RI の場合には単に線源と呼ばれることが多い。

本実験では、放射線源として γ 線、β 線または α 線を放出する線源を用いる。図 1.1 に実験で使用する線源の崩壊様式を示す。γ 線源として用いる ^{22}Na、^{60}Co 及び ^{137}Cs は、いずれも β 崩壊により、^{22}Na は陽電子、^{60}Co と ^{137}Cs は電子を放出して、それぞれ ^{22}Ne、^{60}Ni 及び ^{137}Ba に崩壊する。大部分は励起状態に崩壊し、その後直ちに γ 線を放出して基底状態に遷移する。本実験で扱う γ 線源は、図 1.2(a) に示すようにアクリルの容器に密封されている。β 線（電子または陽電子）はエネルギーが低く容器の中で止まってしまうため、外側には全く出てこない。^{22}Na の場合は、陽電子が運動エネルギーを失った後に物質中の電子と対消滅し、電子の静止質量（511 keV）に等しい 2 個の γ 線を互いに反対方向に放出する。β 線源には ^{90}Sr を用いる。^{90}Sr は β 崩壊を 2 回繰り返して ^{90}Zr に崩壊する。約 500 keV 以上のエネルギーの高い成分は ^{90}Y から放出された β 線である。β 線源は図 1.2(b) のように厚さ 0.1 mm の薄い Al 窓で覆われている。α 線源としては ^{241}Am の α 崩壊を利用する。α 線が線源外部に放出されるまでに物質中で失うエネルギーをできる限り小さくするために、線源には図 1.2(c) のように金属板の表面に ^{241}Am が剥がれにくいよう電着されたものが用いられる。

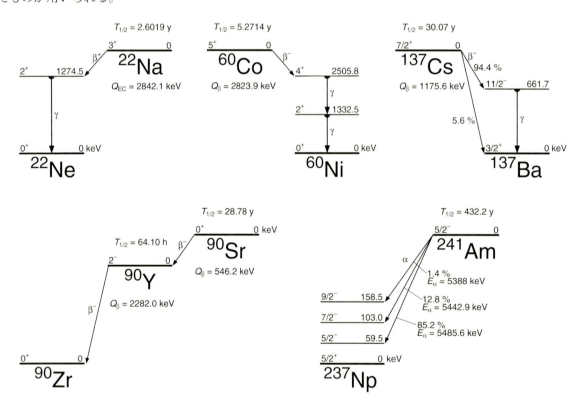

図 1.1: 実験で使用する放射線源の崩壊様式（γ 線源; ^{22}Na, ^{60}Co, ^{137}Cs、β 線源; ^{90}Sr、α 線源; ^{241}Am）

A. 実験をする前に

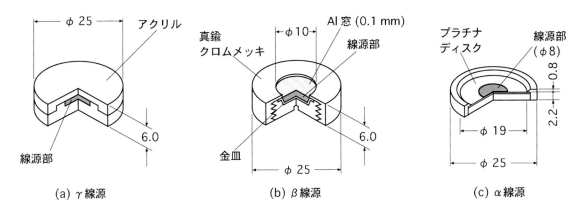

図 1.2: 各線源の構造

1.3 注意事項

放射線源について　線源は使い方を誤ると人体に害を及ぼすなど、非常に危険な一面をもつ。以下の注意を必ず守って使用すること。

1) β、γ 線源について
- β 及び γ 線源は金庫に保管されている。金庫を使用した後は必ず鍵をかけること。
- **使用の際には必ず記帳**し、使用後は金庫内の所定の位置に戻すこと。
- 線源を実験室の**外に持ち出さない**こと。
- 長時間人体に近付けたりしないこと。
- β 線源の Al 窓は絶対に**直接のぞき込まない**こと。

2) α 線源について

α 線源は上述したように金属表面上に分布しているため、手で触れた際に皮膚に吸着したり、あるいはそれによって口などから体内に入り込むなどして被ばくしてしまう危険性が高い。線源は半導体検出器と共に真空チェンバーの中に収められているが、**チェンバーの蓋を絶対に開けない**こと。また、チェンバーを揺らしたり振動を与えたりしないこと。

高圧電源について　検出器を動作させるためには高圧電源を用いる。電源の使用方法を誤ると、高価な検出器を故障させる原因となるので以下の注意を守って使用すること。
- 高圧電源のスイッチを入れる前に、電圧調整用のダイアルが 0 になっていることを確認すること。
- 高電圧をかけるとき、あるいは降ろすときは電圧計を見ながらゆっくりダイアルを回すこと。
- **規定値以上の電圧は絶対にかけない**こと。
- 電源のスイッチはダイアルを 0 に戻してから切ること。

その他
- RI センター棟内では飲食・喫煙をしてはならない。
- 検出器は機械的衝撃に弱いので、物にぶつけたり落としたりしないよう、注意して使用すること。
- 回路、ケーブル、コンピュータなどを乱暴に扱わないこと。

第1章　放射線測定

2　放射線の測定について

　放射線測定の際に検出器から得られる情報として、放射線の数、エネルギー、時間などがある。ここでは本実験テーマに関連した基本的なことがらについて述べる。

2.1　計数値の統計誤差

　原子核の崩壊はランダムな過程である。したがって、核崩壊によって放出される放射線を計測する場合、計数値は統計的に変動する。つまり、同じ測定を繰り返しても計数値は一定にはならずに毎回変化する。このような変動（ゆらぎ）は計数値に対して避けることのできない不確かさをもたらし、測定値の誤差の要因となる。このゆらぎによる測定誤差を統計誤差とよぶ。では1回の測定で得られた計数値が N であった場合、統計誤差はいくらに見積もればよいのだろうか。

　いま計数率 n を与える放射線源から放出される放射線を時間 t の間計数した場合を考える。このとき、計数値が N となる確率 $P(N)$ は次式のように nt の付近のポアソン分布に従うことが知られている。

$$P(N) = \frac{(nt)^N}{N!} e^{-nt} \tag{1.1}$$

このとき、平均 $\overline{N}$ は

$$\overline{N} = \sum_{N=0}^{\infty} N P(N) = nt \tag{1.2}$$

標準偏差 σ は

$$\sigma^2 = \overline{(N-\overline{N})^2} = \sum_{N=0}^{\infty} (N-\overline{N})^2 P(N) = nt = \overline{N} \tag{1.3}$$

従って、

$$\sigma = \sqrt{\overline{N}} \tag{1.4}$$

となる。N が充分大きければ $\overline{N}$ の代わりに N を用いてよいので、

$$\sigma = \sqrt{N} \tag{1.5}$$

すなわち測定値 N の標準偏差は $\sqrt{N}$ となり、これが統計誤差として用いられる。相対誤差は

$$\frac{\sqrt{N}}{N} = \frac{1}{\sqrt{N}} \tag{1.6}$$

となるから N の増加とともに小さくなり、たとえば $N = 10^4$ では 1% となる。したがって、一般に放射線測定において相対誤差を小さくするためには、測定時間を長くして N を十分大きくせねばならないことがわかる。

2.2　バックグラウンド

　線源試料を完全に取り除いても残る計数をバックグラウンド（background）とよび、宇宙線によるカウント、検出器及び付近に存在する物質中に含まれる放射能によるカウントや回路のノイズ等による偽のカウント等が原因として考えられる。

2.3 検出効率

検出効率とは検出器が放射線を検出する確率のことである。これは絶対検出効率 (absolute efficiency) と固有検出効率 (intrinsic efficiency) の2種類に分けることができる。絶対検出効率 ε_{abs} は、線源から放出される放射線数に対する計数の割合で定義され、線源の強度 I と計数率 n の間には、

$$n = \varepsilon_{abs} I \tag{1.7}$$

の関係が成り立つ。従って、絶対検出効率が分かっている場合には計数率から線源の強度が求まり、逆に強度が分かっている線源を用いれば絶対検出効率を求めることができる。一方、固有検出効率 ε_{int} は、検出器に入射した放射線に対する計数の割合で定義される。ε_{abs} と ε_{int} は、線源から検出器を見込む立体角 Ω を用いて以下のような関係で表される。

$$\varepsilon_{abs} = \varepsilon_{int} \frac{\Omega}{4\pi} \tag{1.8}$$

α線やβ線のような荷電粒子の場合、ε_{int} は通常ほぼ1に等しくなるが、中性子やγ線などの電荷をもたない放射線に対しては1より小さくなることがしばしばある。γ線の場合は、図1.11に示すような減衰係数のγ線エネルギー依存性を反映して、一般に0.1〜2 MeVでエネルギーの増加とともに急激に減少する。

図1.3のように線源と検出器の間の距離 r を十分離した場合、線源から見たときの検出器前面の面積を S とすると立体角 Ω は、

$$\Omega = \frac{S}{r^2} \tag{1.9}$$

となる。したがって、計数率は r^2 に反比例する。

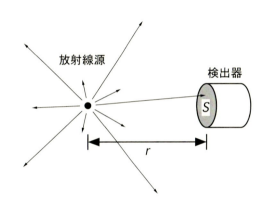

図 1.3: 線源と検出器の配置

2.4 エネルギー分解能

検出器を用いて放射線のエネルギーを測定する場合、単一エネルギーの放射線がそのエネルギーを検出器中で全て失ったとしても、出力波高分布はデルタ関数にはならず図1.4に示すようにある広がりを持つ。その第一の原因としては、シンチレーションカウンターにおける光電子数のゆらぎや半導体検出器中で発生した荷電キャリア数のゆらぎなど、検出器に固有の統計的変動が挙げられる。その他の原因として、回路のノイズや増幅率の時間的変動などがある。ピーク最高値の半分の高さにおける分布の幅を半値幅 (full width at half maximum; FWHM) とよぶ。エネルギー分解能 R は、FWHM をピーク中央の値 E_0 で割った値、

$$R = \frac{\mathrm{FWHM}}{E_0} \tag{1.10}$$

で定義される。

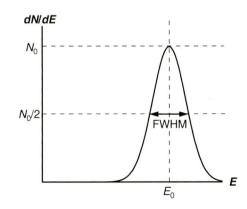

図 1.4: 模式的なエネルギースペクトル

第 1 章 放射線測定

B 実験

1 ガイガー–ミュラー (GM) 計数管

1.1 目的

1) プラトー特性、ポアソン分布、分解時間及び計数率の距離依存性を測定し、GM 計数管の動作特性と計数管を用いた放射線測定に関する一般的注意を理解する。

2) γ 線の減衰係数を測定し、γ 線と物質との相互作用について理解を深める。

3) β 線の運動量スペクトルを観測する。

1.2 GM 計数管について

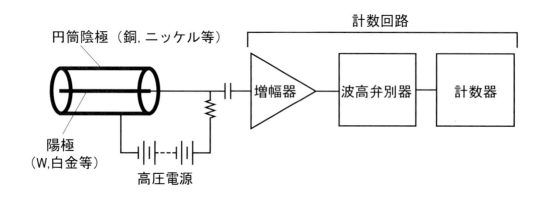

図 1.5: GM 計数管装置概略図

1.2.1 GM 計数管の構造

通常用いられる GM 計数管は図 1.5 に示すように直径数 cm の円筒（陰極）と中心に張られた 0.1 mm 径程度の細線（陽極）よりなっている。管内にはおよそ 10 mmHg の圧力の Ar（時には He や Ne）ガスと、放電消滅用ガス（quenching gas）として 10% 内外のエチルアルコール（時にはエチレン、蟻酸エチルなど）が封じ込められている。

1.2.2 GM計数管の動作

円筒陰極と中心の陽極線の間には 1000〜1500 V の高電圧がかけられる。今、電離を起こす粒子（γ線の場合には管壁などからでる二次電子）がこの計数管中を通過すると、その通路に沿って電離が起こる。生成された電子、イオンはそれぞれ陽極及び陰極に向かって加速され再び気体分子を電離する。この際、二次的な電離は主として電子が行う。陽極線付近に存在する強い電場によって電子が加速されて頻繁に電離が起こり、いわゆる電子なだれを形成する。この電子なだれを一回で終わらせるために放電消滅用ガスが入れられている。得られる電圧パルスは最初のイオン対の数とは無関係に図 1.6 のようなものになる。

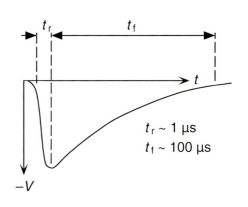

図 1.6: GM計数管からの出力パルス

1.2.3 計数回路

図 1.5 に示すように、GM計数管には高圧電源と計数回路が接続される。

1.2.4 プラトー特性

GM計数管に一定強度の放射線源をおいて計数管に加える電圧を変化させ、電圧と計数率の関係を調べると図 1.7 のような特性が得られる。計数率がほぼ一定なA－Bの領域をプラトー（plateou）と呼ぶ。$V_B - V_A$ をプラトーの長さといい、またある電圧幅（普通は 100 V）あたりの計数率の変化の百分比をプラトーの傾斜と呼ぶ。この両者はGM計数管の良否の目安とされる。通常プラトーの長さは 200 V 以上、傾斜は 5%/100 V 以下である。なお、B点を越えて電圧をかけると連続放電を起こす。その時、放電消滅ガスの分解によって計数管は一度でダメになるから決して電圧は V_B を越えてはならない。

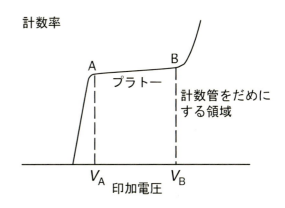

図 1.7: プラトー特性

1.2.5 分解時間

GM計数管に１個荷電粒子が入って放電を起こすと、陽イオンが中心線付近から陰極に到着するまでは内部の電場は低くなっている。このとき次の粒子が入っても電場がある値以下の間は感じることができない。この時間を不感時間（dead time）τ_d という。不感時間をすぎてもまだ電場は低い状態なので、パルスは出るが波高は小さい。したがって、このパルスがしきい値を越え、計数回路で計数されるまでには不感時間よりまだ少し長い時間を要する。この時間を分解時間（resolving time）τ という。陽イオンが陰極に到着すれば電場はもとの状態に戻り、再び同じ大きさのパルスを生じる。パルス波高がしきい値を越えてから、もとの大きさに戻るまでの時間を回復時間（recovery time）τ_r という。図 1.8 は、強い放射線源をおいた場合のGM計数管の出力パルスをオシロスコープで観測した図である。図中に不感時間 τ_d、分解時間 τ、回復時間 τ_r を示す。分解時間と不感時間は、多くの場合差が小さいためあまり厳密に区別されないことが多い。

第1章 放射線測定

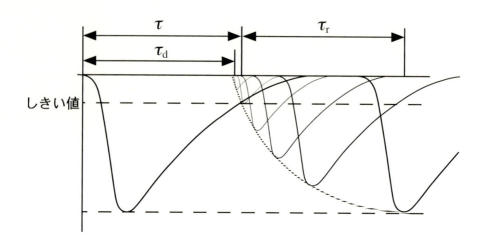

図 1.8: 出力パルスの回復の様子

1.2.6 計数損失とその補正

分解時間 τ はおよそ 10^{-4} s であるが、各計数毎にこれだけ計数しない時間が生じるため、実際の計数時間はこの分を補正しなければならない。観測された計数率を n とすると、真の計数率 n_0 は

$$n_0 = \frac{n}{1-n\tau} \tag{1.11}$$

により求まる。

1.2.7 分解時間の測定

上記のような補正を行う場合、τ の値を測定しなければならない。それには次のような方法がある。

(a) オシロスコープによる方法

図 1.8 のような観測により直接 τ が求まる。

(b) 二線源法（two source method）

計数率がおよそ 10000 cpm (counts per minute) くらいの 2 つの放射線源 1 と 2 を用意し、それぞれの計数率 n_1, n_2 と両方を同時に計数した場合の計数率 n_{12} を測ると

$$\tau = \frac{n_1 + n_2 - n_{12} - n_b}{n_{12}^2 - n_1^2 - n_2^2} \tag{1.12}$$

より τ が求まる。ここで n_b はバックグラウンドの計数率である。

1.3 γ線の減衰係数の測定

1.3.1 γ線の減衰係数

物質中に γ線が入射したときは光電効果、コンプトン散乱及び電子対生成により γ線が減衰する。物質の厚さ dx の間で減衰する光子（γ線）の数は、その時の光子の全数 I と厚さ dx に比例する。したがって

$$dI = -\mu I dx \tag{1.13}$$

$$I = I_0 e^{-\mu x} \tag{1.14}$$

となる。ここで、μ (1/cm) を線減衰係数という。μ を密度 ρ (g/cm^3) で割った値 μ/ρ は、物質の厚さを単位面積当たりの質量 (g/cm^2) で表したときの減衰係数となり、質量減衰係数とよぶ。さらに、μ を単位体積中の原子数 n (個/cm^3) で割った値 μ/n は、全光子断面積 σ_{tot} (cm^2) とよばれ、光子が原子と相互作用を起こす確率、平たく言えば光子から見た原子1個の大きさを表す基本的な物理量を意味する。光電効果、コンプトン散乱、電子対生成の断面積をそれぞれ σ_{photo}、σ_{comp}、σ_{pair} とすれば、

$$\sigma_{tot} = \sigma_{photo} + \sigma_{comp} + \sigma_{pair} \tag{1.15}$$

となる。

1.3.2 減衰係数測定法

図 1.9 の配置で吸収物質の厚さを変えて計数率を求めると、減衰曲線が得られる。その傾斜より μ が求まる。このとき、散乱線を同時に測定してしまうと、偽の減衰曲線になってしまう。余分な散乱線を測定してしまわないためには、γ 線源及び GM 計数管を適当な方法で遮蔽し、γ 線束が平行になるように（コリメート）しなければならない。

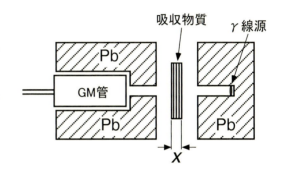

図 1.9: γ 線減衰係数測定方法

1.4 β線運動量スペクトルの測定

1.4.1 β線のエネルギー分布

原子核が β 崩壊を起こしたとき、β線（電子または陽電子）と同時に質量がほぼ 0 で電荷をもたないニュートリノとよばれる粒子が放出される。例えば ^{90}Y の場合、

$$^{90}\text{Y} \rightarrow {}^{90}\text{Zr} + e^- + \overline{\nu_e} \tag{1.16}$$

のように β^- 崩壊により、放出エネルギー Q_{β^-} を電子 e^- と反電子ニュートリノ $\overline{\nu_e}$ がそれぞれ E_e と $E_{\overline{\nu_e}}$ とに分かち合い、

$$Q_{\beta^-} = E_e + E_{\overline{\nu_e}} \tag{1.17}$$

の関係を保ちながら放出される。従って、β線の運動エネルギー E_e は、0 から最大エネルギー $E_{\beta max}(= Q_{\beta^-})$ の間で連続に分布する。

1.4.2 磁気スペクトロメーターによるβ線スペクトルの測定

一様な磁場 B の中に、磁場に対して垂直方向にβ線を入射させると円軌道を描く。そのときの曲率半径を ρ とすると、

$$B\rho = \frac{p_e}{e} \tag{1.18}$$

より電子の運動量 p_e が求まる。運動量を $p_e c$ (MeV) で表すと、

$$p_e c \text{ (MeV)} = 0.30 B\rho \text{ (kG·cm)} \tag{1.19}$$

第1章 放射線測定

となる。運動エネルギーは、相対論的に

$$E_e = \sqrt{(p_e c)^2 + (m_0 c^2)^2} - m_0 c^2 \tag{1.20}$$

で表される。ここで m_0 は電子の静止質量 ($m_0 c^2 = 0.511$ MeV) である。

図 1.10 のように、正方形状の一様磁場中に β 線を入射させた場合、スリットを通り抜けて検出器に到達できるのは、特定の曲率半径すなわち特定の運動量をもつ β 線のみである。磁石を対角線方向に移動させて位置を変えながら計数率を測定すれば、β 線の運動量分布（スペクトル）が得られる。

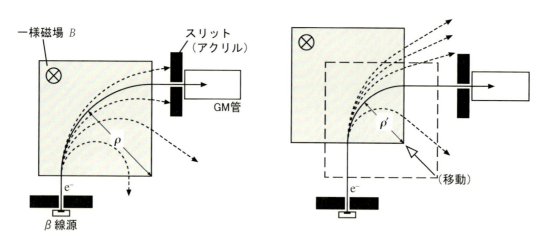

図 1.10: 磁気スペクトロメーターによる β 線スペクトル測定法

課題 1

GM 計数管のプラトー特性の測定（B-1.2.4 節参照）
縦軸に計数率、横軸に電圧をとり、プロットしながら測定せよ。
以降の実験では電圧をプラトーの中程にとること。
注意 V_B を越えた電圧を絶対にかけないこと。

課題 2

ポアソン分布の測定（A-2.1 節参照）
一定強度の線源で同じ時間（数カウント程度になるよう調整する）の測定を多数回繰り返し、横軸カウント数、縦軸頻度のヒストグラムを作れ。実験結果を理論曲線と比較せよ。標準偏差を求め、理論から予想される値と比較せよ。

課題 3

分解時間の測定（B-1.2.5-7 節参照）
(a) オシロスコープで信号を観測して波形をスケッチし、分解時間を推定せよ。
(b) 2 線源法により分解時間を求めよ。
(a)、(b) の方法で求めた分解時間を比較せよ。

B. 実験

課題 4

計数率の距離依存性の測定（A-2.3 節参照）

計数管と γ 線源の距離 r を変えながら計数率を測定し、両対数グラフ用紙にプロットせよ。

問 1 r が小さくなってくると、計数率は r^2 に反比例しなくなる。その理由について考察せよ。

課題 5

γ 線の減衰係数の測定（B-1.3 節参照）

^{137}Cs 線源を用いて Al, Fe, Sn, Pb の減衰係数を測定せよ。

問 2 得られた線減衰係数から質量減衰係数と全光子断面積を求め、吸収物質の原子番号の関数でプロットせよ。またそれらと原子番号との間にはどのような関係があるのかを、γ 線の吸収過程を考慮して考察せよ。

問 3 B-1.3 節の減衰係数の議論は多重過程（multiple process）を無視している。減衰係数の測定値を文献値（図 1.11 参照）と比較し、その影響について考察せよ。

課題 6

β 線スペクトルの測定（B-1.4 節参照）

^{90}Sr 線源を用いて、磁石の位置（移動距離）を変えながら β 線計数率を測定せよ。実験室に掲示した磁石の磁場分布を参照して移動距離と β 線運動量 p_ec の関係を求め、計数率を運動量の関数でプロットせよ。

問 4 得られた β 線スペクトルから、^{90}Y β 崩壊における放出エネルギー $Q_{\beta-}$ を推定せよ。

注意

- GM 計数管は、電圧のかけ過ぎと衝撃に非常に弱いから注意すること。

- どの測定に当たっても計数率、測定時間の選び方を誤差、すなわち得たい測定精度との関連でよく考えること。

- 電源を入れた直後は不安定である。３０分程度待って測定にかかること。

- 磁気スペクトロメーターには強力な永久磁石を用いている。このため、鉄などの強磁性体は強く引きつけられるので、不用意に近づけないこと。

第1章 放射線測定

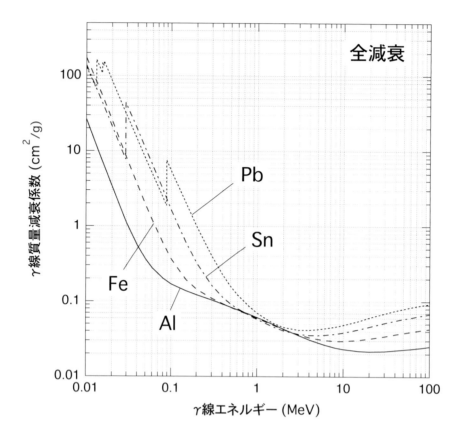

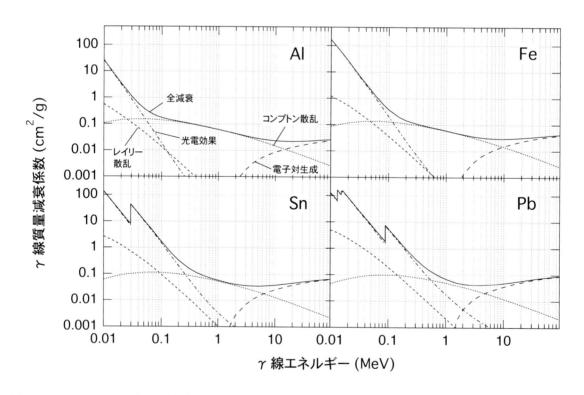

図 1.11: Al, Fe, Sn, Pb 中の γ 線質量減衰係数("Atomic Data and Nuclear Data Tables 7, 565-681 (1970)" より)

2 シンチレーションカウンターによるγ線エネルギースペクトルの測定

2.1 目的

1) シンチレーションカウンターによるγ線のパルスハイトスペクトルを調べ、シンチレーター中の物質とγ線との相互作用について理解を深める。

2) シンチレーションカウンターのγ線に対するエネルギー直線性を調べ、次に未知試料から放出されるγ線のエネルギーを決定し、未知試料の核種を同定する。

3) γ線に対する検出効率のエネルギー依存性を調べ、さらに未知試料の崩壊強度を決定する。

4) コンプトン散乱を観測する。

2.2 測定装置

シンチレーションカウンターの測定系の概略図を図 1.12 に示す。シンチレーションカウンターは、タリウム (Tl) を少量混ぜたヨウ化ナトリウム (NaI) からなるシンチレーターと、光電子増倍管を組み合わせたものから出来ている。シンチレーターに入射したγ線が、何らかの相互作用により電子にエネルギーを与えると、電子はシンチレーター中でエネルギーを失い、そのエネルギーにほぼ比例した強度の光を発生させる。光は光電子増倍管により電気パルスに変換され、増幅器を通して最終的には光の強度に比例した電圧パルスを出力する。シンチレーションカウンターの仕組みと、エネルギースペクトルの測定方法の詳細については、巻末付録 A を参照すること。

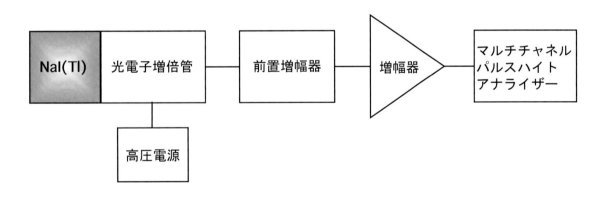

図 1.12: シンチレーションカウンター測定系概略図

第1章 放射線測定

2.3 コンプトン散乱

コンプトン散乱では、γ線と電子の弾性散乱の結果、散乱γ線と反跳電子にエネルギーが分配される。両者のエネルギーは散乱角度に依存する。図1.13に示すように入射γ線のエネルギーを E_γ とすると、角度 θ に散乱された γ 線のエネルギー E'_γ はエネルギーと運動量の保存則から

$$E'_\gamma = \frac{E_\gamma}{1 + (1-\cos\theta)\frac{E_\gamma}{m_0 c^2}} \quad (1.21)$$

となる。反跳電子の運動エネルギー T は $E_\gamma - E'_\gamma$ に等しくなる。

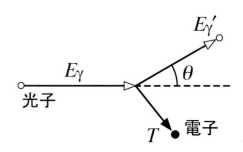

図 1.13: コンプトン散乱

課題 7

γ線パルスハイトスペクトルの測定とエネルギー較正

標準線源 ^{137}Cs、^{60}Co、^{22}Na の γ 線パルスハイトスペクトルを NaI(Tl) シンチレーションカウンターを用いて測定せよ。測定条件（そばにある物質の種類、吸収体の有無等）によってスペクトルがどう変化するかを調べよ。また、各線源におけるスペクトルから全エネルギーピークチャンネルを求め、γ 線エネルギーの関数でプロットせよ。

問 5 ^{137}Cs のスペクトルにおいて低いエネルギーに見られる鋭いピークは何か。

問 6 コンプトン端ではどのような散乱が起こっているか。コンプトン散乱における γ 線の散乱角と反跳電子のエネルギーの関係から考察せよ。（B-2.3 節参照）

問 7 コンプトン端のエネルギーを求め、これから電子の静止質量 ($m_0 c^2$) を推定せよ。

課題 8

未知試料の同定

未知試料のスペクトルを測定して γ 線のエネルギーを決定し、核種を同定せよ。

課題 9

検出効率のエネルギー依存性の測定と未知試料の強度決定（A-2.3 節参照）

標準線源 ^{137}Cs、^{60}Co、^{22}Na のスペクトルにおける全エネルギーピークの面積から γ 線に対する絶対検出効率を求め、γ 線エネルギーの関数でプロットせよ。また、未知試料の崩壊強度を決定せよ。

問 8 検出効率のエネルギー依存性を、図1.15 に示した NaI 中での γ 線減衰係数のエネルギー依存性と比較し考察せよ。

課題 10

コンプトン散乱 γ 線の観測（B-2.3 節参照）

図 1.14 に示すように、鉛ブロックを用いて ^{137}Cs 線源からの γ 線が直接検出器に入射しないようによくシールドして、散乱体を置いたときと外したときのスペクトルの違いを観測し（両者の差をとってみよ）散乱 γ 線のエネルギーを求めてみよ。また、散乱角 θ を変えて観測してみよ。余裕があれば、コリメートして散乱角度をより限定し、時間をかけて測定してみよう。

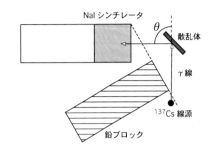

図 1.14: コンプトン散乱観測方法

問 9 散乱体の種類によってどんな変化が見られるか。

問 10 シンチレーションカウンターのエネルギー分解能はどんな因子から決まっているか。各線源において測定したスペクトルから分解能を求め、γ 線エネルギーの関数でプロットして考察せよ。（A-2.4 節参照）

> [!注意]
> - シンチレーションカウンターは衝撃に弱いから注意すること。
> - 光電子増倍管に不当に高い電圧をかけないこと。

第1章 放射線測定

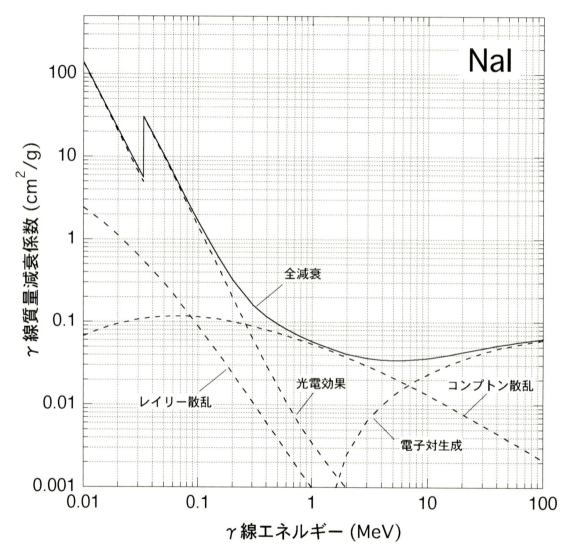

図 1.15: NaI 中の γ 線質量減衰係数

3 半導体検出器によるα線エネルギースペクトルの測定

3.1 目的

1) α線に対するSi検出器の応答を調べ、半導体検出器について理解する。

2) Al中でのα線のエネルギー損失を調べ、荷電粒子と物質の相互作用について理解を深める。

3.2 半導体検出器について

3.2.1 動作原理

気体中に入射した荷電粒子は、気体をイオン化し電子－イオン対を作りながらエネルギーを失う。同様に、半導体中に入射した荷電粒子は、電子－正孔の対を作りながらエネルギーを失う。したがって、気体のイオン化を利用した電離箱と同じように、半導体中の電子－正孔対も適当な電場を作って電極に集めることができれば、

$$Q = \eta e (E_{loss}/E_0) \tag{1.22}$$

E_{loss}：荷電粒子が半導体中で失ったエネルギー

E_0：1電子正孔対を作るに要するエネルギー E_0 (Si) = 3.62 eV

η：集める効率

e：電子の電荷

の電気量が得られ、荷電粒子の検出、さらにそのエネルギーを決めることに利用できる。半導体を用いた場合の重要な特徴は、電子－正孔対を作るに要するエネルギー E_0 が小さいことである。そのため、非常にたくさんのキャリアを発生させ、エネルギー分解能をよくすることができる。

半導体内に電場を作る一つの方法はＰ－Ｎ接合に逆バイアスをかける方法である。Ｐ－Ｎ接合に逆バイアスを加えると、電流のキャリヤーとしての電子、正孔がそれぞれ電極に引き寄せられてほとんど存在しない部分が接合面より拡がる。（図1.16参照）この部分は空乏層（depletion layer）と呼ばれており、バイアス電圧のほとんど全部がこの部分にかかり、強い電場が生じる。

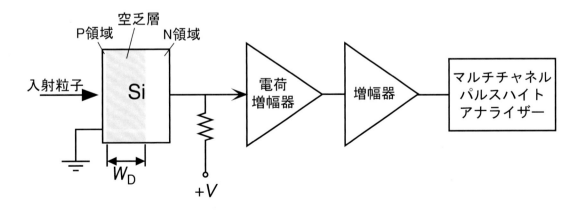

図1.16: 半導体検出器測定系概略図

第1章 放射線測定

空乏層に粒子が入射し、電子－正孔対を作ると、それぞれ電場にしたがって電極に集められる。その電気量 Q は式 (1.22) のとおりで、それによって、最終的には、Q に比例した大きさの電圧パルスが出力される。この電圧パルスを波高分析することによって、エネルギースペクトルが得られる。

問 11 ^{241}Am から放出された α 線が、半導体検出器に入射してエネルギーを全て失った場合、発生する電子－正孔対数はいくつになるか。そのときに期待されるエネルギー分解能はいくらになるか。

3.3 実験装置について

3.3.1 実験装置

α 線は飛程が短いため、大気中においては検出器に到達するまでにエネルギーを失ってしまう。そのため、測定は真空中で行う必要がある。図 1.17 に示すように α 線源と半導体検出器は真空チェンバーに収められており、チェンバー内部はロータリーポンプにより真空に引かれる。厚さの違う Al foil が数枚用意されており、線源と検出器の間に入れられるようになっている。チェンバーの上蓋のつまみを回転させることにより、foil を取り替えることが出来る。

測定回路の概略は図 1.16 に示す通りである。α 線源としては ^{241}Am を用いる。α 線のエネルギーについては図 1.1 に示す崩壊図を参照せよ。

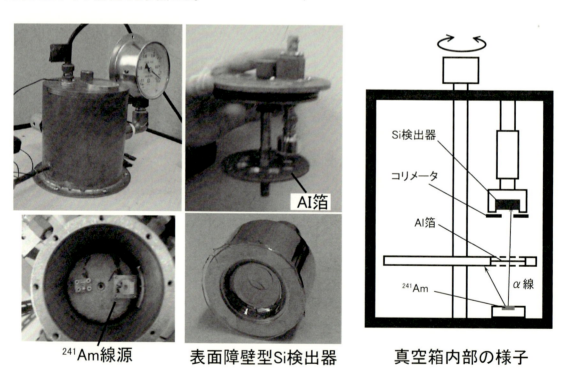

図 1.17: 真空チェンバーとその中の様子

3.3.2 真空チェンバーの取扱い方

真空装置は以下の手順を守って使用すること。

- 実験開始時

  1) バルブ1～3を閉じる。（図1.18参照）
  2) ロータリーポンプのスイッチをONにする。
  3) 圧力計を見ながらバルブ2をゆっくり開ける。

- 実験終了時

  1) バイアス電圧が下がっているか確認する。
  2) バルブ2を閉じる。
  3) ロータリーポンプのスイッチをOFFにする。
  4) バルブ1，バルブ3をゆっくりと開け、リークする。（大気圧に戻す）
  5) バルブ1，バルブ3を閉じる。

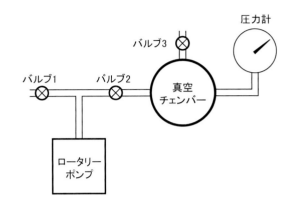

図1.18: 真空チェンバーの取扱い方法

課題11

エネルギー較正

^{241}Am-α線のパルスハイトスペクトルを、線源と検出器の間にAl foilを入れない状態で測定し、得られたピークからチャンネル (ch) とエネルギー (E) の関係を求めよ。ただし、0 ch を $E=0$ としてよい。

課題12

α線の物質中におけるエネルギー損失の測定

厚さ 12 μm の Al foil を通過させたときのα線のパルスハイトスペクトルを測定し、エネルギー較正の結果を用いて、Al foil 中でのα線のエネルギー損失を求めよ。

課題13

Al foil の厚さ決定

各 Al foil を通過させたときのα線のパルスハイトスペクトルを測定し、得られたエネルギー損失から Al foil の厚さを推定せよ。図1.19に示した、Al 中におけるα線の単位長さ当たりのエネルギー損失; $(1/\rho)dE/dx$（巻末付録A参照）、または飛程を参照してよい。

問12 Si 検出器のα線に対するエネルギー分解能を求め、問12で求めた予想値と比較せよ。また、シンチレーションカウンターの場合と比較し、違いを考察せよ。

問13 各スペクトルにおけるピークの半値幅 (FWHM) を Al foil の厚さの関数としてプロットし、幅が変化する原因を考察せよ。

注意

- チェンバー内を真空に引いてからバイアス電圧をかけること。また終了時は、電圧を先に降ろしてから真空ポンプを止めること。

第1章　放射線測定

- **設定されたバイアス電圧を絶対に越えない**ように注意すること。

- バイアス電圧がかかっている間は検出器に光を当ててはならない。光によって電子 – 正孔対が発生し、過剰に電流が流れてしまう。従って、覗き穴の蓋を外すときは必ず電圧を降ろすこと。

- **チェンバーの蓋は絶対に開けない**こと。

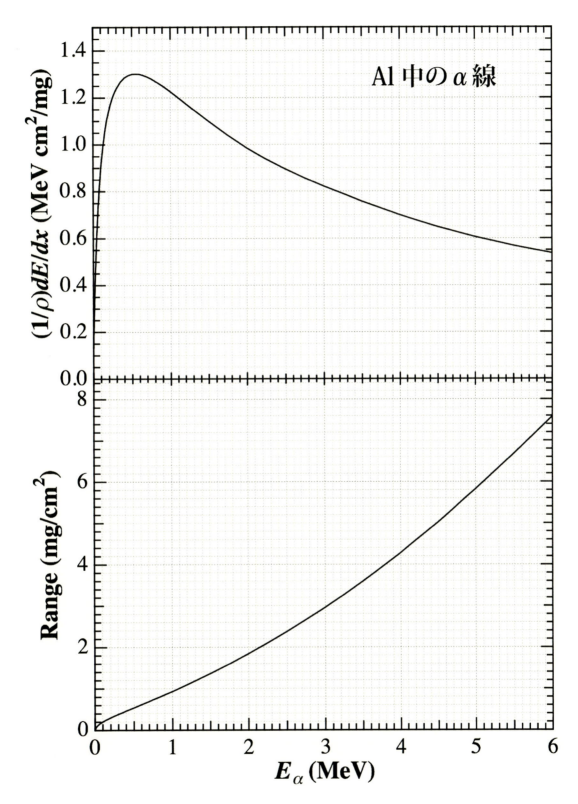

図 1.19: Al 中における α 線の単位長さ当たりのエネルギー損失 (上) と飛程 (下)
("Atomic Data and Nuclear Data Tables 7, 233-463 (1970)" より)

参考文献

参考文献

[1] 山崎文男　編: 放射線（共立出版　実験物理学講座２６）

[2] G. F. Knoll（木村逸郎、阪井英次　訳）: 放射線計測ハンドブック（日刊工業新聞社）

[3] W. R. Leo: Techniques for Nuclear and Particle Physics Experiments（Springer-Verlag）

[4] 三浦功、菅浩一、俣野恒夫: 放射線計測学（裳華房　物理学選書7）

[5] 真田順平: 原子核・放射線の基礎（共立出版　全書１６３）

[6] 河田燕: 放射線計測技術（東京大学出版会）

[7] W. J. Price（西野治、関口晃　訳）: 放射線計測（コロナ社）

[8] 田島英三、山崎文男、大塚巌: 放射線測定装置（共立出版　原子力工学講座２）

[9] 野中到: 核実験装置 I（共立出版　核物理学講座7）

[10] 野中到　編: 原子核（共立出版　実験物理学講座２７）

[11] 野中到: 核物理学（培風館）

[12] 影山誠三郎: 原子核物理（朝倉書店　理工学基礎講座２５）

[13] E. Segre（真田順平、三雲昂　訳）: 原子核と素粒子（吉岡書店　物理学叢書３３）

[14] H. Frauenfelder and E. M. Henley（藤井忠男　訳）: サブアトミック・フィジックス（産業図書）

[15] 長島順清: 素粒子物理学の基礎 I（朝倉書店）

[16] 山田勝美: 原子核はなぜ壊れるか（丸善）

[17] 森田正人: 原子核の世界 －物質の究極を解明する－（講談社　ブルーバックス）

[18] S. Weinberg（本間三郎　訳）: 電子と原子核の発見（日経サイエンス社）

　放射線と物質の相互作用、検出器、測定方法など、放射線測定に関しては [1-8] を、原子核または素粒子の一般的性質や実験手法については [9-13] を、原子核物理や素粒子物理学に関する、少し専門的な入門書として [14,15] を、一般向けで読みやすい入門書として [16-18] を推奨する。

第2章　同時計測

素粒子・原子核実験では、目に見えない原子核や素粒子の性質や反応を調べるために、様々な放射線検出器とその信号を処理する電子回路から成る測定システムを構築する。検出器が素粒子を捕らえると、その情報は電気的なパルスの信号へと変換され、後段の電子回路へと出力される。このとき、出力されるパルス信号には、調査対象の事象によって生成された信号だけでなく、他の要因によって生じた信号も含まれる。そのため、出力されたパルス信号の中から、調査対象の事象に対応する信号のみを選別することが重要である。この目的のために、さまざまな手法が考案・開発されてきたが、その中でも最も基本的であり、かつ重要な手法が同時計測法である。同時計測法では、調査対象の事象が持つ特有の特徴を利用し、その特徴を示す複数の条件が同時に成立する場合にのみ信号を取得する。たとえば、複数の検出器から時間的に同時にパルス信号が出力されることや、それぞれの信号の波高が一定の関係にあることなどの条件を設定することで、目的の事象を効率的に抽出することが可能となる。

本実験では、γ 線を検出する次の 3 つの実験を通じて同時計測の基本的な原理・手法について学ぶ。

- 電子・陽電子対消滅の観測［実験1］

- 原子核 (^{57}Fe) の第 1 励起準位の寿命測定［実験2］

- コンプトン散乱の断面積・散乱光子エネルギーの角度依存性の測定［実験3］

これらの実験において、測定データから実際に起こっている物理現象を正しく理解するためには、γ 線と物質との相互作用だけでなく、使用する検出器や機器の特徴・性能（例えば、立体角や検出効率など）を十分に理解し、データを解釈する必要がある。このような実験におけるデータ解析の手法や考え方について理解を深めることも、本実験の目的である。

本実験で使用する機器は、一般的な素粒子・原子核実験で使われているものから構成されている。まず、学生諸君は「A 実験をする前に」を熟読し、シンチレーション検出器による γ 線検出の仕組みをよく理解すること。「B 実験」では、最初に「C. 付録」を参照してオシロスコープ・回路の使用方法に習熟する。その後、同時計測を利用した基本的な実験［実験1］を行い、続いて［実験2］または［実験3］を行う。

A　実験をする前に

1　シンチレーション検出器による γ 線の検出

放射線は物質との相互作用の仕方により荷電粒子 (charged particle)・光子 (photon)・中性子 (neutron) へと大別することができる。このうち、本実験では主にエネルギーの高い光子である γ 線の測定を通して、放射線検出器の扱い方や特徴を学ぶ。本節では、実験で使用するシンチレーション検出器の原理と、シンチレーション検出器内で起こる γ 線の相互作用について復習しておく。なお、γ 線以外の放射線も含めたより詳しい検出器の解説は本書の付録及び文献 [1, 2, 3] を参照すること。

第 2 章　同時計測

1.1　シンチレーション検出器 (Scintillation Detector)

　荷電粒子や γ 線が通過すると蛍光 (fluorescense) を発する物質をシンチレーターと呼び、この蛍光をシンチレーション光と呼ぶ。シンチレーション光を光センサーにより検出することで放射線を測定する装置がシンチレーション検出器である。シンチレーターは使用する物質によって無機シンチレーターと有機シンチレーターの 2 種類に大別することができるが、本実験では無機シンチレーターの一種である NaI(Tl) 結晶を使用する。また、光センサーとしては光電子増倍管 (photomultiplier tube; PMT) 用いる。

　シンチレーター結晶内に γ 線が入射すると、後述する相互作用によって γ 線が結晶にエネルギーを与え、シンチレーション光が放出される。放出されたシンチレーション光子は透明なシンチレーター内部を伝搬してゆく。シンチレーション光子の一部は光電子増倍管の光電陰極 (photocathode) に到達し、光電子に変換、増幅されて電気パルス信号として取り出される。γ 線がシンチレーターに与えたエネルギーはパルス信号の電圧（波高）に比例している。マルチチャンネルアナライザー (MCA) を用いることで、この波高分布、つまり、γ 線がシンチレーター結晶に与えたエネルギーの分布（エネルギースペクトル）が測定できる。図 2.1 は、シンチレーション検出器によるエネルギースペクトル測定の典型的な測定系の概略図である。光電子増倍管や MCA の詳細については、巻末の付録 A を参照すること。

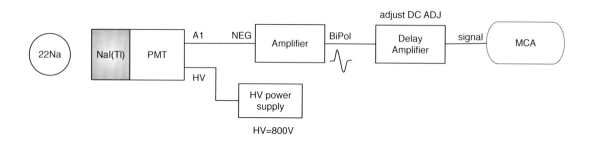

図 2.1: シンチレーション検出器によるエネルギースペクトル測定の典型的な測定系概略図

1.2　γ 線と物質との相互作用

　ここで、γ 線がシンチレーター内に入射した際に起こる現象について整理しておこう。γ 線の正体は比較的高いエネルギー（1 keV 程度以上）を持った光子である。γ 線と物質との相互作用の中で、

- 光電効果 (photoelectric effect)
- コンプトン散乱 (Compton scattering)
- 電子対生成 (pair production)

の 3 つが特に重要である。これらの相互作用が起こる確率は γ 線のエネルギーに依存している。本テキストの「放射線測定」の章に掲載されている γ 線質量減衰係数の図から物質中における各相互作用の確率が読み取れる。以下に各相互作用について簡単に説明しておく。

光電効果:　物質中の原子がイオン化エネルギー以上のエネルギーを持つ光子を吸収し、光子は消滅し、陽イオンと自由電子が作り出される。このとき放出される電子を光電子と呼ぶ。光子のエネルギーが数百 keV

以上の場合は、電子を束縛状態から解き放つためのエネルギーは相対的に小さくなるので、光電子の持つ運動エネルギーは最初の光子のエネルギーにほぼ等しいと考えてよい。この相互作用が起こる確率は光子のエネルギーの増加とともに減少する。

コンプトン散乱： 物質中の1個の電子による光子の散乱である。図2.2に示すように、コンプトン散乱において光子は反跳電子にエネルギーを与えると同時に運動の方向を変える。この散乱により生じる反跳電子の運動エネルギー T'_e 及び散乱光子のエネルギー E'_γ と散乱角 θ の関係は、弾性衝突の運動学により次のように求まる。

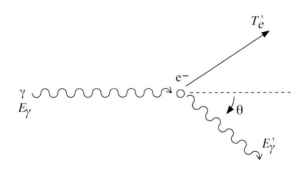

図 2.2: コンプトン散乱

$$E'_\gamma = \frac{E_\gamma}{1 + \frac{E_\gamma}{m_e c^2}(1-\cos\theta)}, \tag{2.1}$$

$$T'_e = E_\gamma - E'_\gamma = \frac{E_\gamma}{1 + \frac{m_e c^2}{E_\gamma(1-\cos\theta)}}. \tag{2.2}$$

ここで、m_e は電子の質量で $m_e c^2 = 511$ keV である。また、散乱光子の角度分布は、次のクライン・仁科 (Klein-Nishina) の公式で求めることが出来る。

$$\frac{d\sigma}{d\Omega} = r_e^2 \left[\frac{1}{1+\alpha(1-\cos\theta)}\right]^2 \left[\frac{1+\cos^2\theta}{2}\right] \left[1 + \frac{\alpha^2(1-\cos\theta)^2}{(1+\cos^2\theta)[1+\alpha(1-\cos\theta)]}\right] \tag{2.3}$$

ここで r_e は古典電子半径、$\alpha = E_\gamma/m_e c^2$ である。

電子対生成： 原子核のクーロン場中で起こる相互作用であり、光子が消滅し、電子と陽電子 (positron) の対が生成される。この相互作用は光子のエネルギーが電子と陽電子の静止質量エネルギーの和、つまり $2m_e c^2 = 1.022$ MeV 以上の場合にのみ起こり、エネルギー増加に伴い相互作用が起こる確率は増大していく。

1.3 シンチレーション検出器で測定される γ 線のエネルギースペクトル

一般に、電子や陽子などの電荷を持った放射線の測定と比べて、電荷を持たない γ 線の測定は難しい。γ 線を検出するためには、前節で述べた相互作用により、まず電荷を持った電子や陽電子を発生させる必要がある。したがって、γ 線検出器では γ 線のエネルギーを直接測定する訳ではなく、γ 線により発生した荷電粒子が検出器に与えるエネルギーを測定していることになる。そのため、単一エネルギーの γ 線が入射した場合でも、検出器で得られるエネルギースペクトルは、単一ピークだけではなく、様々な成分を持つスペク

第 2 章　同時計測

トルを形成する。このエネルギースペクトルの形は、γ 線のエネルギーや検出器の材質・形状などに強く依存する。

　エネルギー E_γ を持った γ 線がシンチレーション検出器に入射した場合を考えよう。γ 線が検出器のシンチレーターに全てのエネルギーを付与した場合、スペクトル内に**全エネルギーピーク (full-energy peak)** と呼ばれるピークを形成する。光電効果がこの場合に当たる。電子対生成の場合、全エネルギーピークとなる場合もあるが、E_γ が大きい場合は生成された陽電子が物質中の電子と対消滅することにより発生する γ 線が検出器の外に逃げてしまう場合もある。このような場合は、エスケープピークと呼ばれるピークを形成する。

　また、コンプトン散乱において γ 線が散乱電子に与えるエネルギーの最小値 $T'_{e:min}$ と最大値 $T'_{e:max}$ は、式 (2.2) より計算でき、それぞれ

$$T'_{e:min} = 0, \tag{2.4}$$

$$T'_{e:max} = \frac{E_\gamma}{1 + m_e c^2 / (2E_\gamma)} \tag{2.5}$$

となる。したがって、コンプトン散乱による信号はエネルギー 0 から $T'_{e:max}$ に相当する波高までの連続的なスペクトルを示す。この連続部分を**コンプトン連続部 (Compton continuum)** と呼び、高エネルギー側の終端部分を**コンプトン端 (Compton edge)** と呼んでいる。

　検出器周辺に存在する物質がエネルギースペクトルに影響を与える場合もある。シンチレーターの背後の物質や、線源の背後の物質、また、放射線源内の物質でコンプトン散乱を起こした散乱 γ 線がシンチレーターに入射する可能性がある。散乱された γ 線のエネルギーの最小値 $E'_{\gamma:min}$ は、式 (2.1) で散乱角 $\theta = \pi$ の場合より求まり、

$$E'_{\gamma:min} = \frac{E_\gamma}{1 + 2E_\gamma / (m_e c^2)} \tag{2.6}$$

で与えられる。このエネルギーに対応するピークは**後方散乱ピーク (backscatter peak)** と呼ばれている。

B　実験

1　実験における注意事項

1.1　放射線源に関する注意事項

　放射線源は実験などに非常に有効なものである反面、本書付録にもあるように使い方を誤ると人体に害を及ぼすなど危険なものでもある。以下の点に留意して取扱いには十分注意すること。

- 使用直前に金庫から取り出し、使用終了後は速やかに返却すること。

- 使用の際は必ず記帳すること。

- 部屋の外には絶対に持ち出さないこと。

- 紛失しないよう十分注意すること。

また、実験室内での飲食・喫煙は厳禁である。

B. 実験

1.2 電源に関する注意事項

実験を始めるときは必ず次の順序で電源を入れる。また実験を終了するときは逆の順序で電源を切る。これは回路を故障から守る為の手順である。

1) 高電圧電源の出力が OFF で 0 V になっている事を確認する。
2) NIM ビンの電源を入れる。
3) 高電圧電源の電源スイッチを入れる。

不必要な電源は入れないように。検出器に急に電圧をかけるのは故障につながる恐れがあるので、高電圧電源の ON・OFF は**必ず出力を 0 V にしてから**行うようにする。

1.3 同軸ケーブルの取り扱いに関する注意

コネクタを差し込んだ状態では引っかかっていて抜けない状態になっている。コネクタの可動部分を軽くつまんで引くとコネクタは簡単に抜ける。決して力任せにひっぱらないこと。

1.4 回路の取り扱いに関する注意事項

この実験に使われている回路は高価なものである。取り扱いには充分注意を払うこと。

- 電源の入った状態で回路を NIM ビンから抜かない。故障の原因になりうる。

- ツマミなどの目盛と実際の値が一致しない場合がある。必ずオシロスコープなどで値を確認の上使用すること。

1.5 検出器に関する注意事項

- シンチレーターを覆っている金属被覆などにキズをつけないようにする。少しでも光が漏れると光電子増倍管に過剰な電流が流れて壊れる。

- 感電等を防ぐ為、高電圧ケーブルはむやみに抜き差しをしないこと。

2 回路入門

シンチレーション検出器が放射線を検出すると電気パルス信号が出力される。このパルス信号を原子核・素粒子実験に用いられる NIM(ニム) と呼ばれる規格に基づいた回路を組み合わせて処理してゆく。実際に、実験 1 以降ではいろいろな種類の NIM 回路を使用することになるが、この回路の特徴や使い方を習熟しなければ、実験を進めることが出来ない。そこで、同時計測測定を始める前に、NIM 規格におけるパルス信号処理の基礎を習得しておこう。

そのために、「C. 付録-1. 回路入門」を読みながら、課題と問題を進めてゆく。実際にどの部分をやるかは、教員の指示に従うこと。また、結果は実験ノートに記録し、レポートでも報告すること。課題を進める上で、「テキスト末の付録.A」にある 「C. 放射線の測定」の部分も参考にすると良い。

第 2 章　同時計測

3　実験1 (電子・陽電子対消滅の観測)

3.1　目的

　電子・陽電子の対消滅を 2 つの検出器を用いた同時計測により観測する。また、本実験によりエネルギー・時間スペクトル測定についての理解を深める。

3.2　測定原理

　^{22}Na の陽電子崩壊により放出された陽電子は、物質中を移動しながら原子内の電子と衝突を繰り返し、徐々にエネルギーを失う。飛跡の終端に近づくと、陽電子は原子周囲の電子と結合して対消滅し、511 keV のエネルギーを持つ 2 本の γ 線が同時に 180°方向に放出される。本実験では 2 本の γ 線が生成される対消滅事象 $e^+e^- \to 2\gamma$ の観測を目指す。反応前後で運動量とエネルギーが保存されるため、この反応では次のような特徴的な条件が同時に成立する。

条件 1：　2 本の γ 線のエネルギーが共に 511 keV である。

条件 2：　2 本の γ 線が同時に観測される。

条件 3：　2 本の γ 線の為す角は 180°である。

　本実験では、陽電子と電子の対消滅を同定するために、対消滅後に放出される 2 本の γ 線を観測する。この際、観測された事象が上記の 3 つの条件を同時に満たすことを確認し、それを対消滅事象として判定する。

3.3　測定方法

検出器利得の調整とエネルギー較正

　条件 1 の成立を調べる準備として、まず、検出器のエネルギー較正 (energy calibration) を行う。検出器の光電子増倍管から出力される信号は検出器に付与された γ 線のエネルギーにほぼ比例した波高 (正確には電荷量) をもつ電気パルスであり、この電気パルスの波高電圧とエネルギーとの関係式を求める必要がある。本実験では、γ 線の検出に 2 台の NaI(Tl) シンチレーション検出器を使用する。それぞれの検出器について、個別にエネルギー較正を行う必要がある。MCA によるエネルギースペクトル測定の回路接続は図 2.1 のようになる。

1) 　検出器と ^{22}Na 線源を数 cm 程度離して置く。
2) 　検出器の信号出力を確認するために、出力信号をオシロスコープに接続する。同軸ケーブルをオシロスコープに接続する際は、50 Ω の終端抵抗を用いて、インピーダンスのマッチングを取る。
3) 　高電圧が 0 V に設定されていることを確認してから、高電圧電源のスイッチを入れる。検出器の出力波形をオシロスコープで観測しながら、光電子増倍管にかける電圧を徐々に上げてゆき、800 V 程度に設定する。このときオシロスコープに濃く見えるパルスは 511 keV と 1275 keV の γ 線によるものである。線源と検出器の距離が近すぎると 2 つ以上のパルスが重なってしまうことがあるので (pile-up)、その場合は離すようにする。逆に遠すぎると計数率が下がり、測定に時間がかかることになる。

B. 実験

4) 次に、検出器からの出力信号を増幅し、後の SCA で要求されるバイポーラパルスへと整形するために、検出器の出力を増幅器の入力端子へ接続する。増幅器の入力切り替えを NEG. に設定し、出力はバイポーラ（BI）を用いる。

5) SCA および MCA は 0–10 V の電圧を持つパルス信号に対して感度を持つ。したがって、測定する 511 keV 及び 1275 keV の γ 線からのパルス波高が 0–10 V の間に入るように増幅器の利得を調整する必要がある。そこで、増幅器の出力をオシロスコープで観測し、増幅器の利得を調整する。高電圧と増幅器の利得は実験ノートに記録しておくこと。

続いて γ 線が検出器に与えたエネルギーの分布 (energy spectrum) を MCA を用いて測定する。MCA の横軸の単位はチャンネルであり、チャンネルの最大値がおおよそ 10 V の波高に対応している。この横軸をエネルギーの単位へと変換するために、エネルギーとチャンネルが線形関係にあると考え、既知のエネルギーを基準としてチャンネル–エネルギーの変換式を求める。これをエネルギー較正と呼ぶ。ここでは、既知エネルギーの γ 線源として、^{22}Na、^{60}Co、^{57}Co を用いてエネルギー較正を行う。これらの線源の崩壊様式は、「C. 付録-2」の図 2.15、図 2.16、図 2.17 にある。

5) 増幅器の出力を後の時間スペクトル測定に備え、一旦、遅延増幅器に通す。

6) 遅延増幅器出力のベースライン (base line) が GND(0 V) と一致するように DC ADJ をオシロスコープで確認しながら調整する。

7) 遅延増幅器出力を MCA の INPUT につなぎ、^{22}Na 線源についてのエネルギースペクトルの測定を開始する。

8) 線源 ^{57}Co と ^{60}Co についてもエネルギースペクトルを測定する。測定したデータは PC に整理して保存すること。

課題 1

大きい方の検出器について各 γ 線源のエネルギースペクトルを取得せよ。各エネルギースペクトルから全エネルギーピークのチャンネル位置を読み取り、チャンネル位置とエネルギーの関係をグラフとしてプロットせよ。グラフのデータ点がほぼ 1 本の直線上にあることを確認し、最小二乗法 (the least squares method) を用いて直線の傾きと切片を計算せよ（この直線の式がチャンネル–エネルギーの変換式となる）。その際、傾き及び切片の誤差も計算すること。

課題 2

課題 1 で得られたチャンネル–エネルギー変換式の正確さを検証する為、^{137}Cs のエネルギースペクトルを測定し、全エネルギーピークの位置を読み取り、変換式により計算したエネルギーと実際の値が誤差の範囲で一致するか確認せよ。^{137}Cs の崩壊様式は図 2.18 にある。

課題 3

全エネルギーピーク、コンプトン端、後方散乱ピークの位置を測定した各線源のエネルギースペクトル上に矢印で示せ。さらに、コンプトン端・後方散乱ピークのチャンネル値を読みとり、上記の変換式を使ってエネルギーに変換せよ。この測定された値と式 (2.5) 及び (2.6) の値を比較し、誤差の範囲で一致するか確認せよ。理想的な測定ではコンプトン端はシャープなエッジと

第 2 章　同時計測

して観測されるが、実際の測定では検出器の分解能のため、なだらかに減少する肩として観測される。観測された肩のどの部分が元のコンプトン端に相当するかをよく考えチャンネルを読み取ること。

課題 4

　　ピーク高さの半分の高さにおけるピーク広がりの幅を半値全幅 (full width at half maximum; FWHM) とよぶ。エネルギー分解能 (energy resolution)R は、この半値全幅 δE とピーク中心値 E_{peak} の比で与えられる。

$$R = \delta E / E_{\mathrm{peak}} \tag{2.7}$$

それぞれの線源の全エネルギーピークのエネルギー分解能 R を求め、エネルギーとエネルギー分解能の関係をグラフにプロットせよ。シンチレーション検出器の場合、エネルギー分解能のエネルギー依存は下のような近似式で表わされることが分かっている。

$$R \propto 1/\sqrt{E_{peak}} \tag{2.8}$$

グラフにプロットしたエネルギーとエネルギー分解能の関係が式 (2.8) に従うかどうかを判定せよ。余力のある者は、エネルギー分解能が式 (2.8) に従う理由を考えよ。

対消滅事象の同定：エネルギー選別と時間スペクトルの測定　　電子と陽電子の対消滅事象を観測するためには、2 台の検出器を線源を中心に 180° 方向に配置する。そして、SCA を用いて 511 keV の γ 線に対してのみ信号を出力する回路を作成し、その同時計測を行う。これにより、条件 1~3 を同時に要求することになり、電子・陽電子の対消滅を同定することができる。この実験 1 では、最終的に図 2.3 のような回路を作成し、対消滅事象を観測する。では、1 つずつ回路を調整しながら、回路全体を組み立てて行こう。

◇ **TAC の時間較正：**　　まず最初に、後の時間スペクトル測定で使用する TAC (TPHC) 回路の時間較正をしておこう。TAC 回路にはスタートとストップの 2 つの入力端子がある。TAC から出力されるパルス信号の波高は、スタート信号とストップ信号の到達時間差に比例している。TAC の出力信号の波高を MCA で測定すると横軸が時間差に対応した時間スペクトルが得られる。横軸をチェンネルから時間の単位に変換するには、時間差がわかっている 2 つの信号をスタートとストップに入力し、その時間差とピークチャンネルの対応を調べればよい。ここでは、クロック信号発生器から同時に出力される 2 つの信号を利用し、一方の信号のみに遅延回路を通すことで信号の到達に時間差を設ける。時間較正の際の回路接続は図 2.4 のようになる。

10) TAC の range は 1 μs に設定する。TAC のスタートとストップ入力は負信号のみに感度があるので、クロック信号発生器の NIM 出力を使用する。クロック信号発生の頻度を 100 Hz に設定する。一方の NIM 出力を直接 TAC のスタート入力へ接続し、他方の NIM 出力は遅延回路 (63ns+500ns または 63ns) を通して TAC のストップ入力へ接続する。

11) 遅延時間を変化させながら TAC 出力を MCA で測定し、ピークチャンネルを読み取る。ピークチャンネルを横軸に、遅延時間を縦軸にとり、データをプロットし、チャンネルと時間の関係を求める。

B. 実験

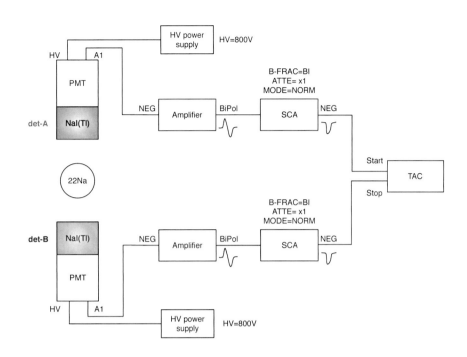

図 2.3: 電子・陽電子対消滅の観測時の測定系配置・配線図

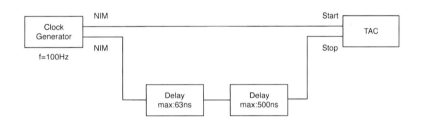

図 2.4: TAC 時間較正時の回路接続図。遅延回路が 63ns+500ns の場合。

◇ **エネルギー選別：** 条件 1 を満たす事象を選別するために、SCA モジュールを使用した図 2.5 に示す回路を組み立てる。その後、以下の手順に従って SCA の調整を行い、511 keV の γ 線が検出された場合に SCA から信号が出力されるように設定する。

12) MCA の GATE モード測定に備え、SCA 出力と遅延増幅器出力のタイミングをあわせる。SCA 出力は TTL を用いる。オシロスコープに SCA 出力と遅延増幅器出力を同時に表示させ、遅延増幅器出力のピーク位置に対して、SCA 出力パルスの論理 '1' の中心が 0.5 μs 遅れるように（通常は一致させるが、使用する回路の特性のために遅らせる必要がある）、遅延増幅器の遅延時間を調整する。

13) SCA を NORMAL モードに設定し、511 keV の γ 線のピークのみを含むように SCA の lower level (E) 及び upper level ($E+\Delta E$) を調節してゆく。この際の回路接続を図 2.5 に示した。SCA の TTL 出力を MCA の GATE 入力に、遅延増幅器の出力を MCA の INPUT に入れ、MCA を GATE モードで測定する。測定された MCA のエネルギースペクトルを確認することにより、SCA で選び出された信号のパルス波高の範囲がわかる。エネルギースペクトルを確認しながら、511 keV の γ 線のピークのみが選択されるよう、SCA の upper level と lower level を調整する。

第2章　同時計測

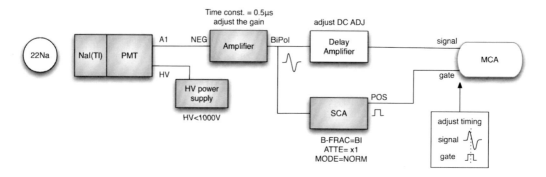

図 2.5: SCA 調整時の回路接続図

◇ **時間差分布の測定：** 次に条件 2 の成立を確認するために、TAC (TPHC) を用いて 2 つの検出器信号の到達時間差の分布を測定する。図 2.3 の回路を組む。これにより、電子・陽電子の対消滅を同定する測定系が完成する。

14) ^{22}Na 線源を 2 本の検出器で挟むように置く。2 本の検出器と線源が一直線上に並ぶようにする。

15) 2 つの SCA 出力をオシロスコープで観測しながらスタート入力に対して TAC の分析時間範囲内でストップ入力が遅れるよう SCA の遅延時間を調整しておく。検出器の SCA 出力 (B、負信号) を TAC のスタートとストップに入れ、TAC 出力波高を MCA で測定する。

ここで得られる時間スペクトルは、ほぼ左右対称な形のピークを持っている。この時間スペクトルが条件 2 の成立を示している理由を理解せよ。

問 1 このピークの幅が 511 keV–511 keV の同時計測に対する検出器及び回路系全体の時間分解能である (時間分解能は半値全幅の絶対値を用いることに注意)。時間スペクトルの半値全幅を読み取り時間分解能を求めよ。時間スペクトルの場合、検出器や信号処理回路での遅延によりピーク位置は変わるがピークの幅は変化しない。従って、エネルギー分解能のように半値全幅をピーク値で割る意味はないので、半値全幅自体を時間分解能とすればよい。

時間分解能が有限の値を持つのは、信号自体にのっている雑音が原因になったり、信号が立ち上がり始めてから SCA の閾値を通過するまでの時間が信号の立ち上がり率に依ったりして (ウォーク；walk と呼ぶ)、タイミングが揺れ動くことによる。時間スペクトルのピークから数百 ns 離れたところでも数は少ないが同時計数は存在する。同時に発生していない 2 個の γ 線があった場合は、2 台の検出器からのパルスは時間的にランダムに到達するが、ある確率で同時に計数されてしまうためであり、これは偶然同時計数 (accidental/chance coincidense) と呼ばれる。

角度分布の測定

最後に、3 番目の条件である 2 本の γ 線の 180°方向への放出を確認するため、計数率の角度依存を測定する。検出器の大きさを考慮し、十分な精度で角度を制限できるよう線源と検出器の距離に注意せよ。

16) 線源位置を中心に 2 本の検出器間の角度をずらし (線源からの距離が変わらないよう注意すること)、計数率を測定する。ピーク全体のカウント数を積分した計数を N とすると、計数の誤差は $\sqrt{N}$ であるこ

B. 実験

とに注意し、十分な精度が得られるようにすること。ただし、計数率が本質的に小さい角度では、十分な統計精度を得ることは難しいので、精度はある程度悪くてもよい。

17) 横軸に角度をとり縦軸に計数率をプロットする。

18) さらに片方の検出器の線源からの距離を何点か変えて同様の測定を行ってみる。

問 2 測定結果が条件 3 の成立を示す角度分布になっているかを議論せよ。その際、線源から検出器までの距離や検出器の大きさなど、実験系の幾何学的配置を考慮し、期待される角度分布との一致を検証すること。また、測定データを基に可能な限り定量的に考察すること。

4 実験 2 (原子核準位の寿命測定)

4.1 目的

本実験では、^{57}Fe の第一励起準位の寿命を測定する。

4.2 測定原理

放射性同位体など不安定状態にある原子核は有限の寿命をもってより安定な状態へと崩壊する。今、崩壊せずに残っている原子核が N 個あるとする。ある一つの原子核がいつ崩壊するかは、他の原子核の崩壊とは全く独立した確率的な現象である。この性質により、微小時間 Δt の間における原子核数の変化量 ΔN は、残存する原子核数 N に比例し、次式が成立する。

$$\frac{\Delta N}{\Delta t} = -\lambda N \tag{2.9}$$

この λ を崩壊定数と呼ぶ。この微分方程式を解くと、時刻 t において崩壊しないで残っている原子核の数 $N(t)$ は、時刻 $t = 0$ における数を N_0 とし、

$$N(t) = N_0 e^{-\lambda t} \tag{2.10}$$

に従うことがわかる。崩壊定数 λ の逆数が寿命 τ であり、個数が $1/e$ に減少するのに要する時間である。また、同様に半数にまで減少する時間を半減期 $T_{1/2}$ という。したがって、崩壊定数 λ、寿命 τ、半減期 $T_{1/2}$ の間には、

$$\tau = \frac{1}{\lambda} \tag{2.11}$$

$$T_{1/2} = \frac{\ln 2}{\lambda} \tag{2.12}$$

の関係がある。

さらに、我々は γ 線を検出するので、つまり原子核の崩壊数 n を測定している。従って、求める原子核の崩壊数は、

$$n(t) = -\frac{dN(t)}{dt} = \frac{d}{dt}(N_0 e^{-\lambda t}) = \lambda N_0 e^{-\lambda t} = n_0 e^{-\lambda t} \tag{2.13}$$

時刻 $t = 0$ における原子核の崩壊数を n_0 とし、$n_0 = \lambda N_0$ である。

第2章 同時計測

原子核のエネルギー準位の寿命もこれらの式に従うので、多数の崩壊事象を観測することによりエネルギー準位の寿命を決定することが出来る。このようにして測定された励起準位の寿命は、崩壊前後のエネルギー準位の性質を反映しており、原子核の内部構造を解明するための重要な情報となっている。

本実験で使用する放射性同位体 ^{57}Co の崩壊様式を図 2.17 に示す [4]。今回の寿命測定の対象である ^{57}Fe の第一励起準位 (E_1=14.4 keV) は ^{57}Fe の第2励起準位 (E_2=136.5 keV) からの崩壊によって作られ、さらに基底状態 (E_0=0) へと崩壊する。したがって、これら一連の崩壊過程において、第2→第1準位の遷移の際に $E_2 - E_1$=122.1 keV の γ 線が、第1→基底準位の遷移の際に $E_1 - E_0$=14.4 keV の γ 線が順に放出される。つまり、122.1 keV の γ 線を検出することにより ^{57}Fe の第1励起準位が生成された時刻 t_0 が、14.4 keV の γ 線によりこのエネルギー準位の崩壊時刻 t_1 が測定できる。これらの時刻の差 $T = t_1 - t_0$ を測定し、その分布を解析することにより寿命を決定する。

本実験では、TAC 回路を用いて T の時間スペクトルを測定する。この時間スペクトルは崩壊曲線と呼ばれ、これを解析することにより寿命を求めることが出来る。

4.3 測定方法

図 2.6 が検出器系の配置図である。本実験では、^{57}Co の線源を挟むように2つの検出器を配置し、それぞれの検出器でエネルギーの異なる γ 線を同時に測定する。

課題 5

大きい検出器 (det-A)、小さい検出器 (det-B) それぞれで ^{57}Co 線源から放出される γ 線のエネルギースペクトルを取得する。ここで、**薄い窓がついている線源の面を検出器に向ける**ことが重要である。得られたスペクトルから、どちらの検出器で 14.4 keV の γ 線を検出するのがよいか考えよ。

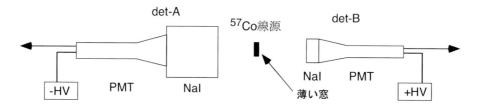

図 2.6: ^{57}Fe の第一励起準位の寿命測定における検出器系の配置図

検出器利得の調整とエネルギー選別

図 2.6 のように検出器系を配置したら、まず、122.1 keV 及び 14.4 keV の γ 線が選別されるように増幅器の利得と SCA を調節する。

1) 検出器の出力を増幅器に接続し、それぞれの検出器において検出したい γ 線の信号が 0–10 V の範囲内に入るよう、増幅器の利得を調整する。
2) 検出器のエネルギースペクトルを3節の実験1と同様に測定し、目的とする γ 線のエネルギーを含むように各 SCA を調整する。特に、14.4 keV の γ 線については波高が回路系の雑音レベルと同程度である

B. 実験

ので注意して設定する必要がある。

測定：TAC 回路を用いた寿命測定

　TAC と MCA を用いた寿命の測定を行う。122.1 keV の γ 線による信号が時間の基準点を決める。そのため、122.1 keV の γ 線を検出する検出器からの信号を TAC のスタートに、14.4 keV の γ 線を検出する検出器からの信号をストップに接続し、時間スペクトルの測定を行う。

課題 6

　測定を開始する前に、まず、この測定で得られる理想的な時間スペクトルの形を予想し、その時間スペクトルから即座に半減期の概算値を求める方法を考えよ。複雑なデータ解析をしなくても、MCA の画面に表示される時間スペクトルを見るだけで半減期の概算値がわかる。データ取得中に半減期の概算値を確認し、その値が予想値と大きく異なる場合は実験手順に間違いがないか確認すべきである。

上記の課題が出来たら、測定の準備を開始しよう。

◇ **TAC の時間較正：**　まず、TAC の時間較正を次のように行う。

3) TAC の range が半減期の十倍程度になるようにセットする。
4) 3.3 節と同様に TAC-MCA のチャンネル-時間の較正を行う。

◇ **時間スペクトルの測定：**　次に、図 2.7 のように回路を接続し、時間スペクトルを測定する。

5) det-A 側の SCA 出力を TAC のスタートに、det-B 側を SCA 出力をストップに接続する。
6) 時間スペクトルに偶然同時計数のみの部分が含まれるように、det-A 側の delay を最小に、det-B 側の delay を 300 ns にする。
7) TAC 出力を MCA に接続し、時間スペクトルを測定する。

課題 7

　測定した時間スペクトルを用いて、^{57}Fe の原子核の第 1 励起準位の寿命 (半減期) とその誤差を決定せよ。また、得られた半減期と図 2.17 中の値 (数値は半減期を示す) を比較して議論せよ。
　検出器の時間分解能及び偶然同時計数のため、実際に測定した時間スペクトルは理想的なスペクトルと同じではないが、寿命を導出する情報を有している。データ解析では、まず、時間スペクトルから偶然同時計数を差し引く。これにより、指数関数が得られたなら、その対数をとれば直線となるはずである。線形最小二乗法を用いてこの直線式を求め、寿命を計算する。寿命の誤差も評価すること。

第 2 章 同時計測

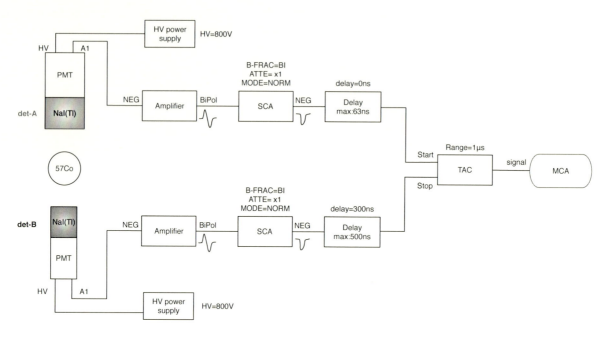

図 2.7: TAC 回路を用いた寿命測定回路接続図

5 実験3 (コンプトン散乱の角度分布)

5.1 目的

同時計測法を利用して、物質中でコンプトン散乱を起こした γ 線を同定し、そのエネルギーと散乱頻度の角度依存性を調べる。

5.2 測定原理

コンプトン散乱では入射 γ 線のエネルギーの一部のみが電子に与えられる。エネルギーが減少した散乱 γ 線は、物質内部で更に相互作用を続ける場合もあるが、小さな物体の場合は大部分の散乱 γ 線は物質外部へと逃げ去る。この散乱 γ 線を検出することによりコンプトン散乱事象を観測する。

この実験では、シンチレーション検出器の NaI(Tl) 結晶内でコンプトン散乱を起こし、散乱された γ 線を別の検出器で検出する。これら 2 つの検出器を用いた同時計測法を採用することにより、コンプトン散乱事象をより明確にとらえることが可能になる。γ 線源としては、^{137}Cs を使用する。図 2.18 に示した ^{137}Cs の崩壊図式からわかるように、^{137}Cs 線源は単一エネルギーの γ 線のみを放出するため、この実験のための線源として適している。

線源と検出器を図 2.8 のように配置し、線源から放出される 662 keV の γ 線を小さい方の検出器 det-B のシンチレーター結晶に入射させると、γ 線はある確率でコンプトン散乱を起こす。この際、検出器 det-B ではコンプトン散乱による散乱電子のエネルギー (T'_e) を測定する。一方、大きい方の検出器 det-A をある角度 θ に置き、散乱角 θ で散乱された γ 線の検出に用いる。散乱 γ 線が検出器 det-A 内で相互作用すると、そのエネルギー (E'_γ) を検出器に与え、検出可能となる。

本実験ではコンプトン散乱の事象をより確実にとらえるため、以下の 2 つの条件を要求する。

条件 1： 2 つの検出器で同時に放射線を検出した。

条件 2: 2つの検出器によって測定されるエネルギーの和 $(T'_e + E'_\gamma)$ が線源から放出される γ 線のエネルギー E_γ に等しい。

これらの条件を課し、角度 θ を変えながら検出器 det-A のエネルギースペクトルを測定することによって、散乱 γ 線のエネルギー E'_γ 及び散乱断面積の角度依存性について調べる。

5.3 測定方法

この実験では 2 台の検出器の信号出力の和を利用し、エネルギーに対する条件を課す。そのため、まず 2 台の検出器系の利得を合わせる必要がある。

検出器利得の調整とエネルギー選別

1) それぞれの検出器の前に線源を置き、オシロスコープで増幅器の出力を観察する。662 keV の γ 線のパルス波高を基準にして、2 台の検出器系の出力波高がほぼ同じになるように、各増幅器の利得をおおまかに調整する。

2) 2 台の検出器それぞれのエネルギースペクトルを MCA で測定し、ピークチャンネルを読み取る。ピークチャンネルが等しくなるように増幅器の利得をさらに微調整する。

3) 2 台の検出器系の増幅器出力を sum and invert amplifier に入れ、信号の和をとる。このままでは出力が反転しているので、更にもう一段通して極性を元に戻す (入力は片方のみ使用する)。

4) この出力を分割して SCA 及び遅延増幅器につなぐ。662 keV の γ 線の全エネルギーピークを含むように SCA の upper level と lower level を調整する（手順は 3.3 節を参照）。

上記の回路調整が終了後、コンプトン散乱事象の測定に移る。

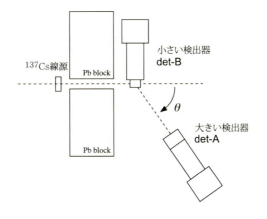

図 2.8: コンプトン散乱事象測定時の検出器系の配置図

コンプトン散乱事象の測定

5) 図 2.8 のように線源・検出器を配置する。この時、検出器 det-B の結晶中心に 662 keV の γ 線が当たるようにする。また、線源からの γ 線が検出器 det-A に直接入射しない様、鉛ブロックを用いて遮蔽を行う。

第 2 章 同時計測

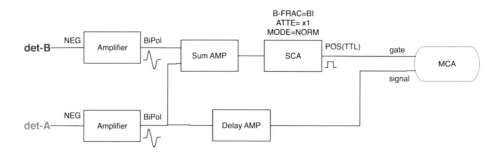

図 2.9: コンプトン散乱事象測定時の回路接続図

6) 図 2.9 に従い、SCA 出力を MCA の GATE 入力に、検出器 det-A の増幅器出力を遅延増幅器を通して MCA の INPUT 入力につなぐ。

7) エネルギースペクトルの測定を行う。測定は、ピークのカウント数の統計誤差が 5 ％以内に収まるよう、時間をかけて行う。

8) 検出器 det-A の配置角 θ を変えながらエネルギースペクトル測定を繰り返す。角度を変える際には、検出器 det-A と det-B の間の距離、線源の位置や鉛ブロックによる遮蔽等による立体角が一定になる様に注意して行う。それが物理的に不可能な場合は、後で補正可能なように距離や位置等を測定・記録しておく。

課題 8

得られたエネルギースペクトルから、それぞれの角度でのピークの中心値を求め、散乱角 θ と散乱 γ 線のエネルギー E'_γ の関係をプロットせよ。MCA で得られるピークチャンネルをエネルギーに換算するには、既知の γ 線のエネルギーピークを用いてエネルギー較正する必要がある点に注意せよ（方法は 3.3 節を参照）。

問 3 コンプトン散乱における散乱 γ 線のエネルギーの角度依存式 (2.1) を導け。式の導出には特殊相対論によるエネルギーと運動量の扱いが必要なことに注意せよ。

問 4 得られた散乱 γ 線エネルギーの角度依存性は理論式と一致したか。統計誤差や測定の分解能を含めて考察せよ。測定した事象数が極端に少ない場合は統計誤差がエネルギー測定に影響する場合がある。ピークの幅（標準偏差）を σ、事象数を N とした時、ピーク位置の統計誤差は $\sigma/\sqrt{N}$ となる。

課題 9

得られたエネルギースペクトルから、それぞれの角度でのピークの面積（カウント数の積分値）を求めて、散乱角 θ と単位時間当たりのピーク面積（事象の発生頻度に相当）との関係をプロットせよ。

問 5 単位時間当たりのピーク面積の角度依存性は理論式 (2.3) と一致したか。統計誤差や測定の立体角などを含めて考察せよ。なお、理論式では角度 θ に散乱された γ 線の全数を扱っているのに対し、この実験では検出器 det-A に反跳 γ 線が入射して全てのエネルギーをシンチレータに与えた事象の数を測定している。

一般にγ線の測定では、γ線が検出器と反応する割合はγ線のエネルギー (E'_γ) とともに変化する。理論式との比較にはこの割合の補正が必要である。

角度θに散乱されたγ線の数をI_0、そのうち検出器を通過してしまうγ線の数をIとすると、I_0とIの間には以下の関係がある。

$$I = I_0 e^{-\mu x} \tag{2.14}$$

ここで、xはシンチレーション検出器の厚さ、μはシンチレーターの物質に対応した線減衰係数と呼ばれる物理量である。検出器内で反応するγ線の数Nは、もともとのγ線の数I_0から検出器を通過してしまうγ線の数Iを差し引いた値になる。そのため、NとI_0の関係は次の式で表される。

$$N = I_0 - I = I_0 \left(1 - e^{-\mu x}\right) \tag{2.15}$$

線減衰係数μはγ線のエネルギー (E'_γ) の関数であることに注意が必要である。今回使用している検出器のシンチレーターの主成分である NaI に対応する線減衰係数を NaI の密度 ($\rho = 3.67 \text{ g/cm}^3$) で割った物理量$\mu/\rho$（質量減衰係数と呼ばれる）と$\gamma$線のエネルギーの関係を示す図が、本テキスト中の「放射線測定」の章に掲載されているので参考にするとよい。全減衰に対する線減衰係数μは、光電効果、コンプトン散乱、および電子対生成に対応する線吸収係数をそれぞれτ, σ, κとすると、次式で表される。

$$\mu = \tau + \sigma + \kappa \tag{2.16}$$

これらの関係を使用して、各角度に対する観測事象数を補正した後に、理論式と比較する。

C 付録

1 回路入門

1.1 目的

原子核・素粒子実験で用いられる NIM 規格におけるパルス信号処理の基礎やオシロスコープの使用法を習得する。

1.2 高速論理回路の標準規格について

原子核物理や高エネルギー物理の実験等に用いられる高速論理回路の標準規格について触れておく。これは NIM 規格 (Nuclear Instrument Module Standard) と呼ばれ、1966 年に原子力エネルギー委員会 (AEC) で採用され世界に広まったものである。信号レベル・信号線・コネクター・電源・回路を収めるケース等についての標準規格で、これに従って製作された回路 (NIM module と呼ぶ) は世界のどの研究所に持って行っても使用可能である。NIM 規格では同軸ケーブルの特性インピーダンスは 50 Ω を使用することになっており、論理 '1'(即ち ON) は −0.7 〜 −0.9 V(即ち 50 Ω の負荷に対して −14 〜 −18 mA の電流)、論理 '0'(即ちOFF) は 0 V と定められていて、この論理レベルを NIM 論理と通称する。その他によく使われる論理レベルとして TTL(Transistor-Transistor 論理) レベルがある。TTL レベルは OFF(0 〜 0.8 V)・ON(2 〜 5 V)である。NIM 回路は NIM ビンと呼ばれる電源付きのケースに入れて使用する。

第2章　同時計測

1.3　クロック信号発生器 (Clock Generator)

クロック信号発生器は論理 (logic) パルスを発生させる回路である。パルスの繰り返し率 (repetition rate; REP. RATE) は段階的に、ON レベルの時間幅 (width) は連続的に変化させることができる。

早速オシロスコープを使って NIM レベルのパルスがどのようなものかを実際に観察してみよう。

課題 10

図 2.10 の回路を組み、オシロスコープを用いてクロック信号発生器の出力パルスを観察せよ。パルスの ON と OFF のレベルはそれぞれ何 V か。立ち上がり時間 (rise time) や立ち下がり時間 (fall time) はいくらか。立ち上がり（立ち下がり）時間とは波高が最大値の 10 %から 90 %になるまでにかかる時間のことである。

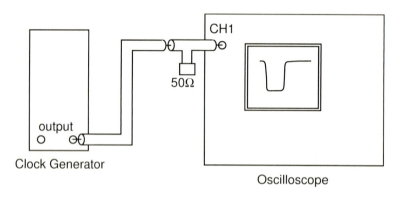

図 2.10: クロック信号発生器のパルスの観察

1) まずクロック信号発生器の繰り返し率 (REP. RATE) を 100 kHz にする。
2) クロック信号発生器の出力をオシロスコープの CH1 につなぐ。
3) 縦軸の表示の選択を CH1 に設定する。この時ケーブルを 50 Ω で終端する。
4) オシロスコープの垂直軸のスケールを 200 mV/div に、水平軸のスケールを 50 ns/div に設定する。
5) トリガー源（トリガーソース）を CH1 に設定する。
6) トリガーモードを AUTO に、スロープ (slope) を − (マイナス) に設定する。
7) トリガーレベルを変えるつまみを回してみよ。

これでパルスが見えるはずである。もしも信号が見えなかったら、水平軸・垂直軸の位置をそれぞれ変えて様子を調べてみよ。さらにトリガーレベルを変えるつまみを回してみよ。ちゃんと信号が見えたら、オシロスコープのつまみを動かして取り扱いに習熟すること。例えば、

- 垂直軸と水平軸の位置を変えて様子を調べてみよ。

- 垂直軸と水平軸のスケールを変えて様子を調べてみよ。

- トリガーモードを AUTO から NORM に設定してトリガーレベルを変えるつまみをまわして様子を調べてみよ。

- トリガーのスロープを + に設定してトリガーレベルを変えるつまみをまわして様子を調べてみよ。

- クロック信号発生器の REP. RATE、WIDTH を変えて様子を調べてみよ。
- クロック信号発生器の TTL 信号の出力もオシロスコープで観測してみよ。

1.4 電圧分割器 (Divider)

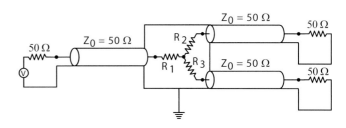

図 2.11: 電圧分割器の内部構成

電圧分割器は入力されたアナログパルスを分割して出力する回路である。原理的には図 2.11 のような構造になっていて、反射が起こらないようにインピーダンスを合わせながら入力信号を分割するようになっている。入力信号を二等分割するために、図中の 3 つの抵抗 R_1、R_2、R_3 がいくらであるべきかは考えてみよう。

課題 11

図 2.12 の回路を組み、終端のインピーダンスを変えて終端でのパルスの反射を観察せよ。0 Ω・50 Ω・∞ Ω の場合どのような波形が観測されるか。0 Ω とは終端を短絡する、50 Ω とは終端に 50 Ω の終端抵抗を接続する、∞ Ω とは終端になにもつなげずに開放している状態のことである。なお反射波を見易くするために、終端抵抗を接続するケーブルはなるべく長いものを利用すると良い。

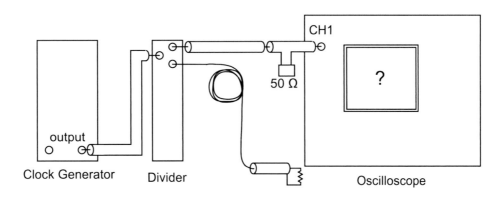

図 2.12: パルスのケーブル終端での反射の確認。

問 6 課題 11 において観測される反射波がのったパルス信号で、真の信号と反射信号の間の時間的なずれは、終端で反射の起こっているケーブルを往復するのに要した時間に相当している。ケーブル中でのパルスの伝搬速度は何 cm/ns か。

1.5 遅延回路 (Delay module)

遅延回路は入力されたパルス (アナログ・論理) をある時間だけ遅らせて出力する回路である。パルスがケーブル中を伝搬するのに時間がかかることを利用している。ケーブルの長さにより遅延時間を変化させることができる。

第 2 章 同時計測

課題 12

図 2.13 の回路を組み遅延回路の出力を観察せよ。

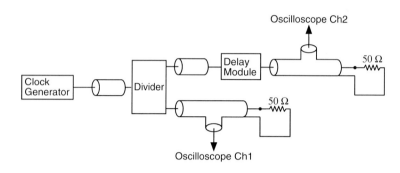

図 2.13: 遅延時間回路の出力の確認

問 7 それぞれのモジュールの中には全部で何メートルのケーブルが入っているのか。

1.6 増幅器 (Amplifier)

増幅器は微小なアナログ信号を増幅・整形 (shaping) する回路である。検出器からの微小な信号は、後段での種々の処理に必ずしも適しているとは言えないので増幅・整形する必要がある。パルス整形が必要な理由は以下の点である。

- 積み重なり (pile-up) を防ぐ。計数率 (count rate) が大きい場合には連続するパルスが積み重なって計数損失やエネルギー分解能の劣化が起きるので、できるだけ短い時間幅のパルスに整形する必要がある。

- 信号対雑音比 (S/N ratio: Signal-to-Noise ratio) の改善。検出器等で発生した雑音は適切なパルス整形を行なうと減少させることができる。したがって S/N 比を改善し、良いエネルギー分解能を得ることができる。

- その他、回路によっては特別な波形を要求するものもあるので、それに合わせて整形をする。

原理的には CR-RC 回路によるものでこれを数段使用している。その時定数をスイッチで切替えられるようになっている。

利得 (gain) は 2 つのロータリースイッチによって粗 (coarse) 調整と微 (fine) 調整できる。最終的な利得は coarse gain×fine gain である。但し、出力パルス波高は電源電圧以上にはできない。利得をあげ過ぎると出力パルスが飽和するので注意すること。入力信号は極性によって正 (POS.)・負 (NEG.) を切替えることができる。この実験では光電子増倍管の出力パルスにあわせて NEG. に設定する。出力パルスは整形の仕方によってユニポーラ (unipolar) とバイポーラ (bipolar) の 2 つが用意、または切り替え可能になっている。今回は後に説明する SCA にあわせてバイポーラ出力を用いる。

他に入力信号に対して設定された時間だけ遅らせて出力できる遅延増幅器 (delay amplifier) や、2 つの入力信号の和の反転を出力できる sum and invert amplifier も用いる。

1.7 シングルチャンネル波高分析器 (Single Channel Analyzer; SCA)

SCA はアナログ入力パルスの波高がある幅 (window) にはいっている時、論理パルスを出力する回路である。前面パネルには INT(integral) と NORM(differential)、WIN(window) の切替えスイッチがついている。INT では UPPER LEVEL のつまみが効かなくなり LOWER LEVEL で設定した値を閾値とした信号弁別器として動作する。SCA として使用するときは、図 2.14 中の E と ΔE の 2 つの電圧をセットする。この window のレベルを E、ΔE であらわすのは、通常エネルギーを測定する際に使用することが多いためで、回路は入力のパルス波高電圧だけを見て弁別を行っている。NORM モードでは LOWER LEVEL つまみで E を、UPPER LEVEL つまみで $E + \Delta E$ をそれぞれ 0–10 V の範囲でセットできる。WIN モードでは LOWER LEVEL つまみで E を 0–10 V、UPPER LEVEL つまみで ΔE

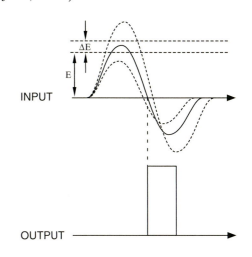

図 2.14: SCA の入力と出力パルスの関係

を 0–1 V の範囲でそれぞれセットできる。図 2.14 に示すように入力パルスが E をこえて $E + \Delta E$ より低いとき一つの論理信号 (NIM または TTL) を出す。

注意 NORM・WIN で UPPER LEVEL つまみの働きが異なることに注意せよ。

この論理信号を出すタイミングは入力パルス (バイポーラ) が 0 レベルを横切ったとき (ZC: Zero Cross) である。SCA は遅延回路を持っており、入力パルスを 0.1–1.1 μs の範囲で一定時間遅らせてパルスとして出力することができる。また入力信号に対して減衰器 (attenuator) を通すことも出来るが、今回の実験では ATTN を ×1 にセットしておく。

1.8 Time to Amplitude Converter (TAC)

TAC (Time to Amplitude Converter) は 2 つの入力論理パルス (スタート, ストップ) 間の時間差に比例したパルス波高を持ったアナログパルスを出力する回路である。Time to Pulse Height Converter (TPHC) とも言う。入力パルスは時間的にスタート、ストップの順になるよう、あらかじめ遅延回路等を用いて調整しておく必要がある。

最大時間間隔を何 ns までとるか 2 つのロータリースイッチ (range、multiplier) で変更することができる。その最大時間間隔に相当する出力パルス波高は 10 V になっている。その他にもいくつかのつまみやコネクタが存在するが今回は使用しない。入力論理信号の種類 (NIM、TTL) に注意すること。

1.9 マルチチャネル波高分析器 (MCA)

MCA はマルチチャネル波高分析器 (Multi-Channel Analyzer) とよばれ、入力パルスの波高に応じてパルスを計数し、記憶する装置である。パルス波高分析器 (Pulse Height Analyzer; PHA) とも言う。これによりパルス波高スペクトルを測定・表示することが出来る。

MCA は入力パルスの振幅をアナログ・デジタル変換器 (analog-to-digital converter; ADC) によりデジタル化し、その値に対応するメモリに蓄えられた値をひとつ増加させる。このようにして、連続して入力され

第 2 章　同時計測

るパルスを波高によって弁別し、相当するチャンネルにカウント数を蓄積することによりヒストグラムを作る。入力パルスの波高を分割するチャンネルの数は ADC によって決まり、これを変換利得 (conversion gain) とよぶ。

MCA には AD 変換やメモリの操作などに伴う不感時間 (dead time) が存在する。一般に MCA は実際の時間から不感時間を補正して計数に要した時間 (live time) を表示できるようになっている。スペクトルのカウント数を単位時間当たりの計数率などに直す時には live time を用いて行う。

この実験で使用する MCA の入力信号の範囲は 0–10 V である。また MCA には通常の入力の他に GATE 入力が存在し、同時計数測定（GATE モード測定）が行えるようになっている。これは GATE 入力 (TTL) への信号が論理 ‘1’ のときのみ入力信号の波高分析を行うものである。GATE 入力にケーブルを接続すると自動的に同時計数測定となる (簡易マニュアル参照のこと)。必要がない場合は Gate 入力ははずしておくこと。

得られたスペクトルのヒストグラムデータは CSV 形式や画像形式で保存することが出来るので、USB フラッシュメモリーを利用して各自の利用するパソコン等にコピーすること。

1.10　高電圧電源 (High Voltage Power Supply)

この実験では 2 種類 (パネル面が赤色のものと黒色のもの) の高電圧電源が用意されている。一台は 4 ch 分の出力がとれるようになっている。それぞれに出力の ON・OFF がついている。上部のメーターは選択スイッチで切替えることにより、各チャンネルの出力をモニターできるようになっている。モニターする項目も電圧・電流・電流制限の 3 種類が選べる。Output adjust のつまみによって出力電圧を設定する。出力の極性 (polarity) は正 (黒)・負 (赤) それぞれで固定である。

注意 使用する光電子増倍管に合わせて極性を選択すること。

注意 電源スイッチを ON にする前に**各 ch の出力が OFF でかつ 0 V** になっていることを確認すること。オシロスコープで出力を観察しながらゆっくりと電圧を上げること。この実験では、だいたい 800 V(NaI 用) の間に設定する。光電子増倍管には 1000 V(NaI 用) 以上かけないこと。高電圧の取扱いにはくれぐれも注意すること。

課題 13

光電子増倍管に高電圧をかけてシンチレーション検出器からの信号を観察せよ。立ち上がり時間は何 ns か？立ち下がり時間 (fall time) は何 ns か？

2　本実験で使用する放射性同位体の崩壊様式

本実験では γ 線源として ^{22}Na、^{60}Co、^{57}Co、^{137}Cs を用いる。これら放射線同位体の崩壊様式 (decay scheme) を図 2.15、図 2.16、図 2.17、図 2.18 に示した。

注意 本テキスト内に記載されている各種原子核の崩壊様式は、煩雑さを避ける為一部を省略してある。完全な崩壊様式は文献 [4, 5] で得られるので、そちらを参照すること。

崩壊様式は、放射線同位体の崩壊の仕方を図示したものであり、横軸を原子番号、縦軸をエネルギーとし

て、崩壊前後の原子核の主要なエネルギー準位と関係を示している。崩壊様式中の各エネルギー準位の左上の数字と符号は、それぞれその準位におけるスピン (spin) とパリティ(parity) を意味している。また、右の数字は励起エネルギー (単位は MeV)、時間の単位で書かれた数字はその準位の半減期を表している。矢印は状態の遷移を示し、矢印上の数字はその遷移確率を示している。

^{22}Na を例にとって、崩壊様式を見てみよう。図 2.15 が ^{22}Na の崩壊様式である。

^{22}Na は陽電子崩壊 (β^+ 崩壊) (β 崩壊の分岐比 90.4 %) と軌道電子捕獲 (ElectronCapture: EC)(9.5 %) によって ^{22}Ne の第一励起状態に崩壊し、3.7 ps の半減期で 1275 keV の γ 線を放出して ^{22}Ne の基底状態に遷移することがわかる。また、^{22}Na は 0.06 %の確率で β^+ 崩壊により直接 ^{22}Ne の基底状態に遷移する。

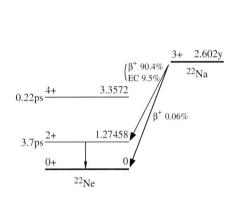

図 2.15: ^{22}Na の崩壊様式

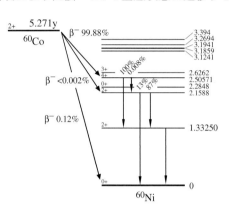

図 2.16: ^{60}Co の崩壊様式

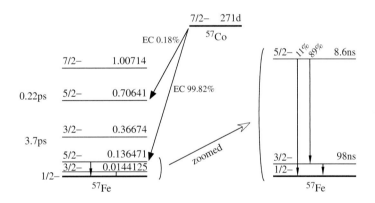

図 2.17: ^{57}Co の崩壊様式

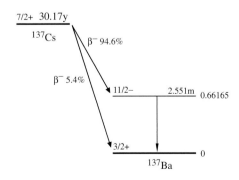

図 2.18: ^{137}Cs の崩壊様式

参考文献

[1] 放射線計測についての詳しい参考書

G.F. Knoll 著、神野郁夫、木村逸郎、阪井英次 訳、放射線計測ハンドブック（第4版）（オーム社）

G.F. Knoll, Radiation Detection and Measurement, 5th Edition (John Wiley & Sons Inc)

[2] 放射線計測についての詳しい参考書

W.R. Leo, Techniques for Nuclear and Particle Physics Experiments, A How-to Approach, second Revised Edition (Springer-Verlag)

[3] 放射線計測についての詳しい参考書

野口正康、富永洋 著、放射線応用計測 基礎から応用まで (日刊工業新聞社)

[4] 原子核の準位構造についての詳しい情報

R. B. Firestone, V. S. Shirley eds.：Table of Isotopes eighth edition (I,II)(John Wiley)

[5] 原子核の準位構造についての詳しい情報

National Nuclear Data Center, Brookhaven National Laboratory, https://www.nndc.bnl.gov/

[6] データ解析の参考文献

大阪大学物理教育研究会 編、大阪大学 基礎物理学実験（学術図書出版社）

[7] データ解析の参考文献

J.R. Taylor 著、林茂雄、馬場凉 訳：計測における誤差解析入門 (東京化学同人)

[8] データ解析の参考文献

N.C. バーフォード 著、酒井英行 訳：新しい誤差論 実験データ解析法 (丸善株式会社)

[9] 数値計算の参考文献

W.H. Press, S.A. Teukolsky, W.T. Vetterling, B.P. Flammery 著、丹慶勝市、奥村晴彦、佐藤俊郎、小林誠 訳、Numerical Recipes in C、ニューメリカルレシピ・イン・シー C言語による数値計算のレシピ、(技術評論社)

[10] 原子核物理学の参考文献

八木浩輔 著、原子核物理学 (朝倉書店、基礎物理科学シリーズ4)

第3章 ラザフォード散乱

物理実験は、目的とする物理量を直接測定できないことが多い。そのため、複数の特別な検出器を用意し、それらから得られる複数の測定結果を組合せて解析することにより、物理量を決定する。また、微分散乱断面積など事象の分布から物理量を決定する場合は、その分布を得るために多くの事象が必要である。このような場合、複数の検出器からの信号を処理して大量のデータをコンピュータに保存し (**オンラインデータ収集**)、このデータを解析する (**オフラインデータ解析**)。

検出器は、目的の物理量を決定するために必要な情報（エネルギーや反応位置など）を正確に測定できる性能を持つものを用いる。多くの場合、既存の検出器を組み合わせたり改良したりして目的に最適化する。必要に応じて新しい検出器を開発することもある。

オンラインデータ収集では、検出器からの電気信号を処理する電子回路が用いられる。事象の発生が頻繁である場合は高速な処理、事象の発生が稀な場合は長時間の測定が必要である。また、ノイズなどの不要な事象を除くため、特定の条件を満たす事象のみを保存する (**トリガー**) ことも行われる。

オフラインデータ解析では、データを取り扱う万能のアプリケーションソフトは存在せず、解析者が実験に応じた解析プログラムを作る必要がある。

この実験では、実際に検出器について理解を深め、トリガー条件を決め、データ収集を行い、複数の測定量をデータとして保存する。プログラミングによるデータ解析を行い、幾つかの測定量を組み合わせることによって物理量を導出する。こうした過程を通して、原子核や素粒子物理などの実験研究で一般的に行われている検出器準備、およびオンラインデータ収集とオフライン解析の基本的なスタイルにふれる。題材としてはラザフォード散乱を扱う。

A 実験をする前に

1 ラザフォード散乱

ラザフォード散乱について、簡単に歴史を追って説明をしておく。1900 年初頭にトムソンが行った電場や磁場で曲げられる電子ビームの軌道の曲率の測定や、ミリカンの油滴の実験から、電子の電荷と質量が各々分かってきた。トムソンは軽い元素を対象とする X 線の散乱の実験を通じて、原子 1 つが所有する電子数は原子番号に等しいこと、しかし、原子の質量はこの電子の総和よりも遥かに重いことを突き止めていた。原子全体では電気的に中性であることを考えると、これらの事実は「原子はその質量の大半が正電荷を帯びている」ということを示唆していた。原子の構造解明、とりわけ正電荷の正体に関する関心が高まっていた。

トムソンの考えた原子像は、ぶどうパンにたとえられ、正電荷が一様に分布するパンの中に、負電荷を帯びた小さな干しぶどうのごとき電子がちりばめられたようなものであった。しかし、このモデルでは、水素原子から発せられるバルマー系列等のとびとびの光のエネルギーを説明できないという致命的欠陥を持って

第 3 章 ラザフォード散乱

いた。同時期に長岡半太郎が考えていた原子の構造は、中心に正電荷を持つ巨大質量が存在し、その周りを電子が土星の輪のようにまわっているという直感に優れたものであった。

さて、その頃ラザフォードが持っていた原子の構造解明への実験的なアプローチのアイディアは次のようなものであった。「原子の構造がぶどうパンのようであるか否かは、注目している部分と同じ正電荷を持つ α 線でプローブすることが出来る。」つまり、もし原子の構造がぶどうパンであれば、α 線はパンによって四方八方から平均化されたクーロン相互作用を受け、角度 θ へ散乱される確率 F_θ は

$$F_\theta = \exp(-\theta/\theta_m) \tag{3.1}$$

であらわされ、後方では減ることになる。ここで θ_m は散乱の平均角度である。式 (3.1) に従うと、たとえば金の標的で $\theta_m \sim 1°$ 程度であると仮定すると、散乱角 $\theta \sim 30°$ では散乱確率は $0°$ に比べ 10^{-13} 程度まで低くなるはずである。現在では多重散乱として知られているこの考えは $\theta \sim 0°$ に近い前方散乱では正しかったのだが、ガイガーとマースデンが 1909 年に金などの薄膜を用いた実験で、実は $\theta > 90°$ の後方にも散乱が起きていることを突き止めた。

1911 年、この結果からラザフォードは、「これ程の後方に散乱が起きるためには、原子には正電荷の非常に密な領域が存在しなければならない。つまり中心にその正電荷の大半を担っている質量が存在するはずである」と考えた。このモデルに基づいて実験データを眺めてみると、原子番号と同じ正電荷を帯び、かつサイズが $\sim 10^{-12}$ cm 程度である極微な "原子核" が存在すればつじつまが合い、微分散乱断面積 $d\sigma/d\Omega$ は

$$\frac{d\sigma}{d\Omega} = \left(\frac{Z_\alpha e Z_t e}{4\pi\varepsilon_0 4E}\right)^2 \cdot \frac{1}{\sin^4(\theta/2)} \tag{3.2}$$

と表されることに気がついた。ここで $Z_\alpha e$、$Z_t e$ は α 線及び標的核の電荷、E は α 線の運動エネルギー、θ は散乱角度を表す。

ガイガーとマースデンの実験家としての凄みは、この時ガイガーは "ガイガーカウンター" を発明する前であり、つまり核物理学実験に電子測定機器が利用されるようになる 20 年にも前に測定をやってのけた、ということである。なんと何日も何時間もかけて、初期の顕微鏡を用いて α 線が蛍光板に当たった際の発光を目で見て数えたのである。

この実験では、広い角度を一度に測定できる検出器を用いる。しかも測定データをコンピュータを用いて、さまざまな観点から解析することも出来る。データ収集に際しては、事前にオシロスコープなどを用いて、期待するデータを取得できるか検討しておくことが大切である。

以下の実験では、主にオフライン解析に重きを置いた実験を行うが、一部検出器準備を含めた実験全体に触れる実験へ変更となる可能性もある。

いずれにせよ、以下の課題 1 は以降の課題を行う際に必要なため、それまでに「C 付録」を読んで理解し、進めておくこと。

課題 1

章末の「C 付録」を読み、問 1、2、3 を答えよ。

B. 実験

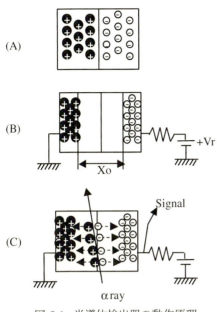
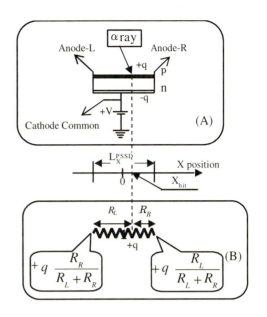

図 3.1: 半導体検出器の動作原理
図 3.2: 抵抗分割による位置の決定法

B 実験

1 実験における注意事項

- 真空チェンバーは、教官及びＴＡ立会い時以外開けないこと。特にα線源の扱いはしないこと。

- 真空ポンプのオン、オフ時にはバルブを閉めること。また、バルブを開ける際、リークポートを開ける際には、真空計に注意しゆっくりと真空度が変わることを確認しながら作業すること。

- 検出器への電圧は絶対に印加しすぎないよう、ゆっくり電源を操作すること。

2 測定原理

2.1 半導体検出器

この実験ではSi半導体検出器を用いる。半導体検出器はSemiconductor DetectorともSolid State Detector; SSDとも呼ばれる。まずはSSDの動作原理について簡単に説明する。

孤立原子における電子軌道のエネルギー準位はとびとびで不連続であるが、固体では原子同士の電子軌道が重なることで、エネルギー準位が連続的に分布しバンド構造となる。Si半導体は、低エネルギー側の価電子バンドから 1.1 eV(バンドギャップ) 離れて、高エネルギー側に伝導バンドが存在する。バンドギャップが狭いため、電子が価電子バンドから伝導バンドに熱励起でき、価電子バンドの空席 (正孔) と伝導バンドの電子が電気伝導に寄与するキャリアとなる。Si中に不純物をドープすることにより、正孔もしくは電子キャリアの数を調整することができる。

キャリアが主に電子である半導体をn型半導体、正孔であるものをp型半導体という。図3.1(A) に示す様に、n型半導体とp型半導体を接合（p-n接合）する。そしてn側が正電圧になるように外部電圧 V_r を印加する。そうすると図3.1(B) に示すように電子と正孔は互いに逆方向に移動し、p-n接合部分にキャリアが

第3章 ラザフォード散乱

ほとんど存在しない空乏層と呼ばれる領域が生じる。この電圧印加方式を逆バイアスと呼ぶ。半導体を p-n 接合し、検出器として動作させる場合は逆バイアスを用いる。一方、p 側を正電圧にすると (順バイアス)、キャリアが供給され続け、順方向電流が流れ続けるため、検出器としては使えない。空乏層に α 線等の放射線が入射すると、運動する電荷 (α 線等) が作る電場がバンド中の電子に作用する。こうして電子は α 線からエネルギーを受け取り、伝導バンドに励起し、電子・正孔対が発生する。つまり、放射線の運動エネルギーから、電子・正孔対の発生へと、エネルギーが転換される（図 3.1(C)）。1 組の電子・正孔対を発生するのに必要なエネルギーは、Si の場合は 3.6 eV である。

空乏層には外部電圧 V_r による電場があるため、発生した電子と正孔は各々陽極側（Anode）及び陰極側（Cathode）に掃引され、電流パルスが発生する。これを電子回路で電圧信号に変換して用いる。このように、放射線を検出した時のみ信号が発生するため、検出器として用いることができる。信号の大きさは、Si 半導体中の電子・正孔対の数、つまり半導体中の荷電粒子のエネルギー損失に比例する。エネルギー損失に対する分解能及び比例性の良さが、半導体検出器の特徴である。

2.2 位置感応型半導体検出器（Position Sensitive Silicon Detector; PSSD）

一次元の場合　前節では SSD を用いると放射線のエネルギーを測定できることを解説した。次に、放射線が SSD に入射する時、その SSD の入射面上における位置を決定する方法を説明する。まずは簡単のため、図 3.2(A) に示すように SSD の X 軸方向の長さを L_X^{PSSD} とし、中心を原点とする X 軸一次元の座標系を考える。位置 X_{hit} に α 線が入射した場合、p 層面上の位置 X_{hit} には正孔による電荷 $+q$ が誘起される。p 層の表面は均一な抵抗率になっているため、全表面抵抗値を R_X とすれば X_{hit} から Anode-R 及び -L までの抵抗 R_R、R_L は各々表面上の長さに比例し、

$$R_R = R_X \times \left(\frac{1}{2} - \frac{X_{hit}}{L_X^{PSSD}}\right) \tag{3.3}$$

$$R_L = R_X \times \left(\frac{1}{2} + \frac{X_{hit}}{L_X^{PSSD}}\right) \tag{3.4}$$

となる。p 層の表面に誘起された電荷は図 3.2(B) に示すように、この抵抗部分を通過して Anode 信号として検出される。この時、位置 X_{hit} から Anode-R(L) には抵抗 $R_R(R_L)$ に逆比例した電流が流れるため、Anode-R 及び -L で測定される信号の大きさ A_R、A_L は各々式 (3.3)、式 (3.4) を用いて

$$A_R \propto +q \times \left(\frac{R_L}{R_X}\right) = +q \times \left(\frac{1}{2} + \frac{X_{hit}}{L_X^{PSSD}}\right) \tag{3.5}$$

$$A_L \propto +q \times \left(\frac{R_R}{R_X}\right) = +q \times \left(\frac{1}{2} - \frac{X_{hit}}{L_X^{PSSD}}\right) \tag{3.6}$$

となる。式 (3.5)、式 (3.6) から分かるように A_R と A_L を測定

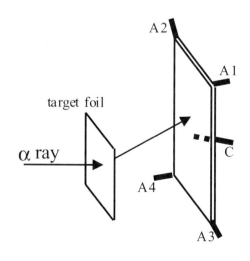

図 3.3: 信号の名前定義

すれば
$$X_{hit} = \frac{L_X^{PSSD}}{2}\left(\frac{A_R - A_L}{A_R + A_L}\right) \quad (3.7)$$

の関係式から X_{hit} を決定する事ができる。このような方法を抵抗分割法といい、位置読み出しが可能な SSD を PSD や PSSD といったりする。この実験では PSSD と呼ぶ事にする。

二次元の場合 これを二次元の場合に応用した PSSD をこの実験では用いる。図 3.3 に示すように、二次元 PSSD では Anode 信号は四隅から取り出す。この検出器では、X 方向の位置を決定するには $A_R = A1 + A3$、$A_L = A2 + A4$ と考え、Y 方向の位置を決定するためには、$A_U = A1 + A2$、$A_D = A3 + A4$ と考えれば一次元の場合と同様となり、式 (3.7) から放射線の入射位置 (X_{hit}, Y_{hit}) は次の様にして求められる。

$$X_{hit} = \frac{L_X^{PSSD}}{2}\left(\frac{(A1 + A3) - (A2 + A4)}{A1 + A2 + A3 + A4}\right) \quad (3.8)$$

$$Y_{hit} = \frac{L_Y^{PSSD}}{2}\left(\frac{(A1 + A2) - (A3 + A4)}{A1 + A2 + A3 + A4}\right) \quad (3.9)$$

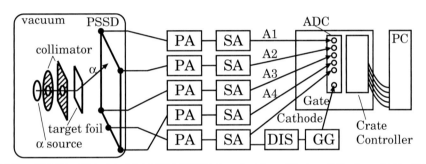

図 3.4: 実験装置全体の概念図。図中 PA,SA は信号増幅器で、プレアンプリファイア、シェイピングアンプリファイアを省略したもの、DIS はディスクリミネータ、GG はゲートジェネレイタを示す。Cathode の SA について、ユニポーラ出力を ADC へつなぐ。バイポーラ出力を、パルストランスを使って信号の極性を反転し、DIS へつなぐ。逆バイアスは Cathode の PA 経由で印加する。

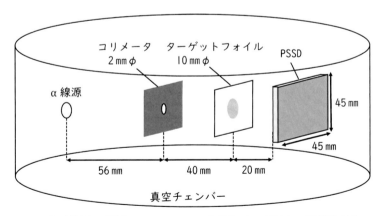

図 3.5: 実験装置の配置。コリメータの穴径などは変更する可能性がある。

3 装置

図 3.4 に実験装置全体の概略図、図 3.5 に真空チェンバー内の装置の配置を示す。この実験ではデータ解析が主要な目的のため、装置については簡単な説明にとどめる。図 3.4 の一番右側に示されている部分は真

第3章 ラザフォード散乱

空チェンバー（箱）で、この中にα線源、コリメータ、ターゲットフォイル、PSSDがセットされている。

α線源には^{241}Amを用いる（^{241}Amから放出されるα線エネルギーについては図3.6に示す崩壊様式を参照せよ）。2つのコリメータ（線源直後と、そこから38 mm離して置かれた直径4 mmの穴があいた板。穴径は変更する可能性がある。）を用意して、α線源から放出された全てのα線のうち、放出角0°に近いものだけがターゲットフォイルに到達できるようになっている。これらの装置全体が真空チェンバーの中に設置されている。真空にする理由は空気中での^{241}Amからのα線の飛程が数cmであるため、大気中ではα線がPSSDに届かないからで

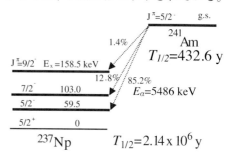

図3.6: ^{241}Amの崩壊様式。遷移強度1%以上のα崩壊を示してある。

ある。ターゲットフォイルで散乱された後、α線はPSSDに入射する。PSSDとターゲットフォイルの間の距離は固定されているため、PSSDに入射した位置がわかれば散乱角度がわかるという仕組みである。PSSDに入射した位置は既に説明したようにA1(Anode-1)～A4(Anode-4)の信号が測定できれば算出できる。その信号測定のためにPSSDの後段に電子回路が用意されている。Anode信号はここで信号増幅及び波形整形された後、ADCに入力される。ADCとはAnalog to Digital Converterの略で、入力した信号をその大きさに比例したディジタル値に変換する装置である。ADCはAD変換を行うとクレートコントローラーという装置に変換終了の合図を送り、データをPCに読み込むための通信を行う。

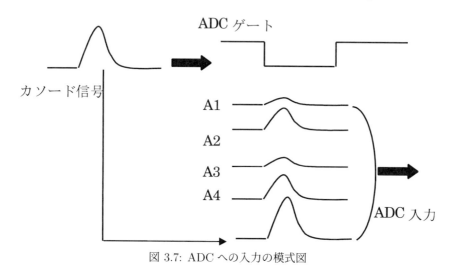

図3.7: ADCへの入力の模式図

装置間でこのような通信を行いたい場合、装置は統一された規格のバス（データ等の通路）に結線されていると便利である。本実験で用いるCAMACクレートは、CAMAC規格という信号規格に適合する装置（モジュールと呼ぶ）ならば、クレート背面に用意されたCAMACバスを介してデータのやり取りが出来るようになっている。

上記のADCとクレートコントローラーも同一のCAMACクレートに収納しているため、互いに通信できるのである。クレートコントローラーはCAMACとPC間のインターフェースとなる装置で、PCからの要求に応じてADCのディジタル値をデータとしてPCに転送する。転送されたデータはPC内のファイルとして保存される。

さて、データ収集を効率的に行うためには、出来るだけ目的とする事象のみについて、データ収集を行う必要がある。ある条件を満たした時にデータ収集を開始することをトリガーといい、その条件をトリガー条件とよぶ。この実験ではADCのゲートという入力端子を用いてトリガーを行う。着目する事象が起こったときだけ発生する信号を予め用意しておき、これをゲートに入力する。こうすればADCは無駄なAD変換をせず、目的とするデータのみ収集できる。

後に述べるゼロ点補正の場合は、一定周期のクロック出力をトリガー条件とすることで（パルストリガー）、α線の到来とは無関係に、ノイズの寄与を含めてゼロ点を測定できる。α線事象を目的とする場合は、PSSDがα線を検知した場合のみを選択し、ノイズによるデータを排除したい。PSSDやアンプでは、α線が入射しなくても熱電子等による雑音が常に発生し、これらもα線による信号と同様に電気信号としてADCに入力されいる。ノイズの信号はα線

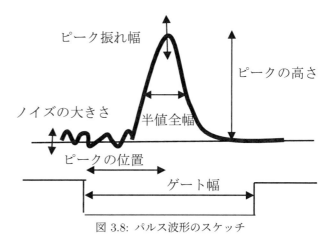

図 3.8: パルス波形のスケッチ

の信号に比べて小さいため、PSSDのCathode信号がノイズに比べて十分大きいことをトリガー条件として、ゲート信号を作ればよい。Cathodeの信号を用いることは次の理由に因る。Anode信号は抵抗分割を行っており、α線が入射した場所によって信号の大きさが変化してしまうため、ゲート信号の設定が困難である。一方、Cathodeは一つの信号線しか引き出していないため、入射した場所に関係なくα線のエネルギーだけに比例した信号が出力される。この為ゲート信号の設定が容易になる。Cathode信号はADCのゲート入力に用いるだけでなく、その大きさがα線のエネルギーに比例しているため、解析の時にはα線事象の選別に利用できる。そのため、Anode信号と共にADCに入力される。

課題 2

測定の前にデータが適切に取得できているかを確認する必要がある。オシロスコープを使って、ADCゲートとアノード（A1）およびカソードのADC入力信号との関係をスケッチせよ（図3.8）。そのときゲート幅、ゲート幅に対するピーク位置、ピークの高さ、ピークの振れ幅、半値幅、ノイズの大きさを記入しておくこと。また残る3つのアノード信号（A2, A3, A4）のタイミングがゲート内に入っていることを確認し、ゲートの立下りとピークの頂点の位置を測定せよ。

表 3.1: ターゲットフォイルに用いる金の諸量

核種	Au
原子番号	79
質量数	197
密度 (g/cm^3)	19.32
厚さ (mg/cm^2)	1.12

第3章　ラザフォード散乱

4　測定

　用意してあるターゲットフォイルは Au（金）である。解析に必要となる Au の諸量を表 3.1 にまとめておく。また本実験で用いるフォイルの厚さも示す。測定は次の 3 つの条件で行い、各々データを保存する。

- 条件 1：パルストリガーによる測定（α 線の入射と無関係な測定であるが、α 線の入射レートが低いため、ほとんどの事象で α 線が入射していないはずである。）

- 条件 2：フォイル無しでの α 線事象の測定

- 条件 3：フォイル有りでの α 線事象の測定

　条件 1 では PSSD の出力のゼロ点補正を行う。条件 2 では PSSD アノード出力のエネルギー較正、および線源から到来する α 線の PSSD 上での入射位置の広がりを評価する。以上を踏まえ、条件 3 でラザフォード散乱の測定を行う。各条件について、グループ毎もしくは全体で測定を行う。

課題 3

　　条件 1 にあるパルストリガーを入力し、カソード、アノード出力のゼロ点補正の為のデータを取得せよ。また、カソード、アノードそれぞれの測定値の平均をとり、ゼロ点補正値とせよ。

5　解析

　目的である微分散乱断面積の導出の為に、次のステップを踏んで解析を進める。

1) 着目している α 線事象を測定された全事象から抽出する。
2) カソード出力の α 線に対する ADC 出力の平均値を得る。
　(a) フォイル無しのデータでは中心値を用いカソード出力のエネルギー較正を行う。
　(b) フォイル有りのデータでは、フォイルによるエネルギー損失の影響を考慮する。
3) PSSD のアノード出力から α 線の PSSD 上への到達位置情報を得る。
4) α 線の到達位置の中心値を得る。
5) α 線のフォイルからの距離と到達位置から角度分布を得る。
6) 立体角を考慮して、散乱断面積を決定する。
7) 理論計算値との比較。

　これらの手続きを踏んで微分散乱断面積を求める。フォイル有りの場合でも、殆ど散乱せずにフォイルを通過する α 線も多く存在する。これらは、実際の散乱角度が 0° であっても、PSSD 上のヒット位置は、コリメータの穴径の大きさやアノード信号のノイズの影響に応じて広がって分布する。このヒット位置の広がりが見かけ上の散乱角となり、散乱角度分布に寄与する。この見かけ上の寄与は、フォイル無しやパルストリガーのデータを解析することで評価できる。6)、7) については、フォイル有り、無し、理論計算値の比較をすること。データの解析には python というプログラミング言語を用い、度数分布（ヒストグラム）やグラフの作成を行う。

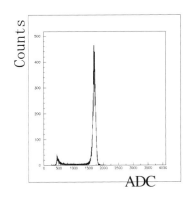
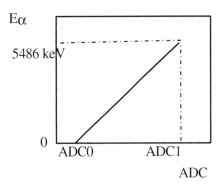

図 3.9: カソード出力の例　　　　　　図 3.10: PSSD のエネルギー較正の概念図

5.1　α線事象の抽出

^{241}Am の崩壊では α 線のみならず、γ 線も放出される。場合によってはノイズ（雑音）も測定しているかもしれない。これらの信号のうち目的の α 線の事象だけをデータから抽出する。

まずデータからエネルギー情報を抽出する。PSSD のカソード出力は、検出器の位置に依存しないエネルギー情報を得られるはずである。

課題 4

　　フォイル無しのデータで、カソード出力のヒストグラムを作れ (図 3.9)。まず、最初の２０事象程度については各自ファイルの内容を見て様子を把握すること。ADC の値が分布する範囲や、平均値、標準偏差などに留意して、ヒストグラムの横軸の範囲や、区間の幅 (ビン幅) を決めること。次にプログラムを用いて全ての事象に対して度数分布を作ること。また最初に把握したデータの様子と、度数分布を比較し、プログラムが正しく動いているかどうか確認せよ。アノード出力についてもすべて度数分布を作り、カソード出力の場合と比較せよ。カソード、アノードそれぞれについて、オシロスコープを用いた観測と比較をせよ。

一定のエネルギーを持っているはずの α 線はヒストグラムにピークを作る。ピークから離れた ADC 出力を持つ事象は α 線以外に起因する事象や、何らかの原因で α 線がエネルギーを途中で失ってしまった事象である。これらを除いた事象が有効な α 線起源の事象である。今後の解析ではこの有効な事象のみを解析する必要がある。フォイル無しとフォイル有りでは、フォイルでのエネルギー損失によりこのピークの位置が異なるため、注意する必要がある。

課題 5

　　^{241}Am から放出された α 線の主要なエネルギーは 5486 keV で、平均は 5479 keV である。フォイル無しでのカソード ADC 出力の平均 (図 3.10 の ADC1) がこのエネルギーに相当する。また、課題 3 で得た、エネルギーゼロが対応する ADC 出力の平均の値（図 3.10 の ADC0）をあわせて使い、ADC のエネルギー較正を一次式を用い行え (図 3.10)。

第3章 ラザフォード散乱

課題6

フォイル無しのデータを用い、式 (3.8)、式 (3.9) を用いると、PSSD のアノード出力から X 位置、Y 位置を計算できる。課題3 で測定したゼロ点をそれぞれのアノードの ADC 出力から引き、その後位置を計算する必要がある。プログラムを用い、X-Y 2次元プロットを出力せよ (図 3.11)。また α 線の到達位置の X, Y の中心をプログラムから求めよ。

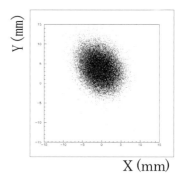

図 3.11: α 線の x、y の位置の相関の例

ここでは、α 線に起因した事象についてのみ出力すること。α 線の作るピークの位置はフォイル有り無しで異なる事を忘れてはならない。正しく α 線による事象のみが選ばれていれば、フォイル無しのデータで大きな角度に散乱されたり、非対称に散乱されたりする様に見えてしまう事象はほとんど残らないはずである。

5.2 散乱角度の決定

これで α 線の PSSD 上の入射位置と入射した α 線の中心の位置を求めることができるようになった。これらから散乱角度を求める。

課題7

X 位置および Y 位置の平均値と、与えられた PSSD とフォイルの距離 (23 mm) を使い、フォイル無しのデータにおいてみかけ上の散乱角度を事象ごとに求め、そのヒストグラムを求めよ。角度は2度刻みの区間に分ける事とする。尚、PSSD のゼロ点が α 線の到達中心とは限らない。課題6で求めた X、Y の中心値が α 線の到達中心であることに注意する事。また、プログラムを用いヒストグラムを出力せよ。但し、度数は対数目盛りで表示すること。その後フォイル有りのデータについても課題 4, 6 の解析を行い、散乱角度ごとのヒストグラムを求めよ。

フォイル無しの場合のヒストグラムからもとの α 線が見かけ上どのくらいの角度の広がりを持っているかが判る。この範囲の α 線は散乱されたものではなく、もともとの α 線の広がりによるものである。

5.3 散乱の実効エネルギー

フォイル有りと無しではエネルギースペクトルがずれる。これはフォイルによって α 線がエネルギー損失をする為である。従って、散乱が起こるときの α 線のエネルギーも放出直後のエネルギー（5486 keV）ではない。式 (3.2) から分かるように微分散乱断面積はエネルギーの関数となっているため、後で理論値と比較を行うためにエネルギー損失を考慮した、実効エネルギーを決定しておく必要がある。

課題8

フォイル有りで測定したデータのカソード出力のヒストグラムを作成し、α 線エネルギーの中心値を求めよ。課題5で求めたエネルギー較正式を用いて、フォイル通過によるエネルギー損失は幾らか求めよ。このことから、散乱時における α 線の実効エネルギーは実際はいくらになっていると考えられるか。理論計算にはフォイル入射前と出た後の α 線のエネルギーの平均を実効エネルギーとして用いる。

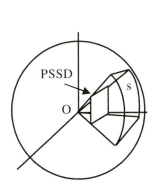
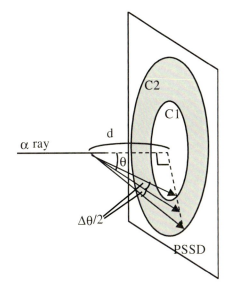

図 3.12: 立体角の定義。図の球面は半径 1 の単位球。   図 3.13: 立体角の計算に用いる θ、$\Delta\theta$ の定義

5.4 立体角

微分散乱断面積、$d\sigma(\theta)/d\Omega$ を決定するためには立体角を考慮しなければならない。立体角とは原点を中心とする錐が原点を中心とする単位球面上に切り取る面積のことで、sr（ステラジアン）という単位で表す。例えば全空間の立体角は 4π sr であり、また、図 3.12 で、点 O に対し、PSSD が覆う全立体角は点 O を中心とする単位球面上に示されている面積 s となる。

課題 9

図 3.13 で示すような、散乱位置から PSSD への散乱角度が $\theta - \Delta\theta/2$ となる円 C1 と散乱角度 $\theta + \Delta\theta/2$ となる円 C2 とで囲まれるドーナツ型の領域を通過する α 線の事象に対する立体角 $\Delta\Omega$ は何ステラジアンか解析的に求めよ。また、課題 7 のヒストグラムにおける各区間の立体角をそれぞれ求め、表示せよ。

5.5 微分散乱断面積

まず「C 付録」に書かれている手順を基に微分散乱断面積 $d\sigma(\theta)/d\Omega_{Ave}$ を求める。「C 付録」にある通り、一つの入射粒子が厚さ t_{target} の物質を通過する際に単位面積あたりに遭遇する原子の数 N_{target} は「数密度×標的の厚さ」(個/cm^2) である。ここで、フォイルの厚さを t_{target}(mg/cm^2)、アボガドロ数 (6.02×10^{23}) を N_A、フォイルを構成する原子核の質量数を A_{target} とすると

$$N_{target} = \frac{N_A \times t_{target}}{A_{target}} \times 10^{-3} \text{ (個/cm}^2\text{)} \tag{3.10}$$

と表せる。ここで入射粒子が $\theta - \Delta\theta/2$ から $\theta + \Delta\theta/2$ の間に散乱する微分散乱断面積を平均化したものを $d\sigma(\theta)/d\Omega_{Ave}$ (mb/sr)、課題 9 で解析的に求まった立体角を $\Delta\Omega$ (sr) とすると、一つの入射粒子が $\theta - \Delta\theta/2$

第 3 章 ラザフォード散乱

から $\theta + \Delta\theta/2$ の間に散乱される確率 P は

$$P = \frac{\frac{d\sigma(\theta)}{d\Omega_{Ave}} \times \Delta\Omega(\theta) \times N_A \times t_{target}}{A_{target}} \times 10^{-30} \tag{3.11}$$

となる。これは一つの粒子に関したことであるため、全 α 線数が N_{total} の場合は、これを N_{total} 倍したものが全入射粒子に対するある角度 θ へ散乱された α 線の数 $N_{scatt}(\theta)$ を与えることになる。

$$N_{scatt}(\theta) = \frac{N_{total} \times \frac{d\sigma(\theta)}{d\Omega_{Ave}} \times \Delta\Omega(\theta) \times N_A \times t_{target}}{A_{target}} \times 10^{-30} \tag{3.12}$$

以上の式における $d\sigma(\theta)/d\Omega_{Ave}$ は $(\mathrm{mb/sr})$、t_{target} は $(\mathrm{mg/cm^2})$ 単位で表している。なお、$d\sigma(\theta)/d\Omega_{Ave}$ の単位に出てくる b（バーン）は断面積を表現する場合よく使われる単位で $1\mathrm{b} = 10^{-24}\mathrm{cm^2}$ である。

課題 10

課題 7 で得られた散乱角度の分布から、式 (3.12) に基づいて $d\sigma(\theta)/d\Omega_{Ave}$ を決定せよ。下記の誤差の評価と関係式の導出を忘れないこと。

本実験では主な誤差は統計誤差となる。統計誤差はその統計量のルート分の 1 になる。つまり $d\sigma(\theta)/d\Omega_{Ave}$ の統計誤差は、

$$\frac{d\sigma(\theta)/d\Omega_{Ave}}{\sqrt{N_{scatt}(\theta)}} \tag{3.13}$$

となる。これは常に正しい関係ではないことには注意すること。N_{scatt} 事象を観測した場合、$\pm\sqrt{N_{scatt}}$ の統計誤差が生じることが基本である。この点から出発して上記の関係式を導くことも課題とする。

また、フォイル有りと無しのグラフ、さらに理論曲線を重ねてプロットし、比較せよ。そこから得られる結論を考察せよ。

但し理論曲線を計算するときはフォイルの実効厚と共に実効散乱エネルギー（課題 8）を用いて計算することに注意すること。ラザフォード散乱の微分散乱断面積は原子核のクーロンポテンシャルから理論的に計算でき、MKSA 単位系では

$$\frac{d\sigma}{d\Omega} = \left(\frac{Z_{標的粒子} Z_{入射粒子} e^2}{4 \cdot 4\pi\varepsilon_0 \cdot E} \right)^2 \sin^{-4}\left(\frac{\theta}{2} \right) \tag{3.14}$$

で表される。

課題 11

<u>自由選択</u>余力のある人は次の 4 つのうちから好きなだけ選んでレポートせよ。

1) 式 (3.14) を導け。
2) ラザフォード散乱における粒子の軌跡を古典的に考え、いくつかの衝突係数について図示するプログラムをかけ。
3) 古典的に導出したラザフォード散乱の散乱断面積の公式を実験室系、重心系の両方で表現してみよ。
4) ラザフォード散乱の散乱断面積の公式を量子力学的に導出せよ。

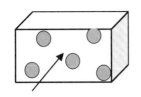

図 3.14: 標的粒子が入った箱と入射粒子

図 3.15: 入射方向から見た箱

C 付録

1 断面積と散乱確率

微分散乱断面積から、粒子がどの角度へいくつ散乱されるか求めてみる。

はじめに、入射粒子が標的粒子に「当たる」確率はどうしたら求まるか、考える。

図 3.14 のように標的粒子が入った箱に粒子が入射した場合、入射粒子が標的粒子に「当たる」確率はどうやったら計算できるだろうか。これは、図 3.14 の箱を粒子の入射する方向から見てやれば、図 3.15 に示すように、当たる確率が

$$当たる確率 = \frac{標的粒子の断面積 \times 標的粒子の数}{箱の断面積} \tag{3.15}$$

となる事は自明であろう。式 (3.15) は粒子の密度を使うと、

$$当たる確率 = 標的粒子の断面積 \times 標的粒子の数密度 \times 標的の厚さ \tag{3.16}$$

と書き換えることができる。この式で標的粒子の断面積のことを散乱断面積あるいは反応断面積と言う。これから、散乱断面積はその名前のように面積の次元を持っていることが理解できるであろう。ここで、注意しなければならないのは、式 (3.16) は確率が低い場合の近似式であることだ。これは、式 (3.16) は標的粒子同士が重ならない場合にしか成り立たないことから理解できるだろう。

＜例題1＞ 1 b の反応断面積とはどのくらいの大きさなのか考えてみる。ある粒子とアルミニウム原子の反応断面積が 1 b である場合、その粒子が 1 mm の厚みのアルミニウムを通過する間に反応を起こす確率を求める。アルミニウムの密度は 2.70 g/cm^3、アルミニウムの原子量を 26.98 とする。まず、入射方向から見た場合、単位面積当たりいくつアルミニウム原子が見えるかを計算する。これは、数密度×標的の厚さで求めることができる。

$$密度 \times 厚さ \div 原子量 \times アボガドロ数 \tag{3.17}$$

しばしば、厚さを「密度×厚さ」g/cm^2 で表すことがある。たとえば、1 mm のアルミ板は 2.70 g/cm^3 × 0.1 cm = 0.270 g/cm^2 となる。1 cm^2 あたり、0.270 ÷ 26.98 × 6.02 × 10^{23}個 = 6.02 × 10^{21} のアルミニウム原子があることになる。面積の比が反応を起こす確率であることから、これに反応断面積 1 b = 1 × 10^{-24}cm^2 を掛けると反応確率が求められる。

$$反応確率 = 6.02 \times 10^{21} \times 1 \times 10^{-24} = 6.02 \times 10^{-3} \tag{3.18}$$

となり、0.6% の入射粒子が反応することがわかる。同時に、バーン (b) と言う単位が非常に小さな空間での現象を表わすために適した単位であることが理解できるであろう。

第3章　ラザフォード散乱

　次に、微分散乱断面積の意味を考えてみる。これまで議論してきた散乱断面積は散乱された粒子がどの方向に散乱されていくかに関係のない値であった。微分散乱断面積はある方向に単位立体角あたり散乱される確率を示す。古典力学では衝突する場所が決まれば、散乱する方向が決まる。ある方向に散乱される場所の面積が微分散乱断面積といえる。微分散乱断面積を全立体角について積分すれば散乱断面積となる。

＜例題2＞　等方的に散乱がおこる場合について考える。例題1の粒子がアルミニウム原子により等方的に散乱が起こるとすると，微分散乱断面積は $\frac{1}{4\pi}$ b/sr となる。では、この粒子が $\theta = 20°$ から $30°$ の間に散乱される確率はどれだけであろうか。$20°$ から $30°$ までの立体角にわたり、微分散乱断面積を積分する。微分散乱断面積は $\frac{1}{4\pi}$ b/sr で角度によらず一定のため、

$$\frac{1}{4\pi} \int_{20°}^{30°} 2\pi \sin\theta d\theta = \frac{\cos 20° - \cos 30°}{2} = 3.63 \times 10^{-2} \text{ (b)} \tag{3.19}$$

となる。これにアルミ板の厚みと数密度を掛けると確率となる。

$$3.63 \times 10^{-2} \times 10^{-24} \times 6.02 \times 10^{21} = 2.21 \times 10^{-4} \tag{3.20}$$

10000 個の入射粒子に対しおよそ2個が 20 度から 30 度に散乱されることになる。

　次に、ラザフォード散乱を考える。微分散乱断面積は

MKSA 単位系
$$\frac{d\sigma}{d\Omega} = \left(\frac{Z_{標的粒子} Z_{入射粒子} e^2}{4 \cdot 4\pi\varepsilon_0 \cdot E} \right)^2 \sin^{-4}\left(\frac{\theta}{2} \right) \tag{3.21}$$

自然単位系
$$\frac{d\sigma}{d\Omega} = \left(\frac{Z_{標的粒子} Z_{入射粒子} \alpha}{4 \cdot E} \right)^2 \sin^{-4}\left(\frac{\theta}{2} \right) \tag{3.22}$$

で表される。ただし、自然単位系では $\hbar = 1$, $c = 1$ である。

問1　入射粒子として 5 MeV の α 粒子、標的粒子としてアルミニウム $(Z = 13)$ を用いた場合、MKSA 単位系で $\frac{Z_{標的粒子} Z_{入射粒子} e^2}{4 \cdot 4\pi\varepsilon_0 \cdot E}$、自然単位系で $\frac{Z_{標的粒子} Z_{入射粒子} \alpha}{4 \cdot E}$ はどれだけの長さとなるかそれぞれ計算し、結果を fm の単位に換算せよ。ここで α は微細構造定数 $(\alpha = e^2/(4\pi\varepsilon_0 \hbar c) = 1/137)$、$\hbar c = 197$ MeV·fm である。

問2　入射粒子として 5 MeV の α 粒子、標的粒子としてアルミニウム $(Z = 13)$ を用いた場合、$20°$ へ散乱される微分散乱断面積を b/sr の単位で求めよ。

問3　5 MeV の α 粒子が 10 μm のアルミニウムの板（密度 2.70 g/cm³、質量数を 26.98）によるラザフォード散乱で $20°$ から $30°$ へ散乱される確率を求めよ。

第4章　X線と結晶構造

　本実験「X線と結晶構造」では、X線の散乱・回折の実験を通して、物質中の原子や分子などのミクロな粒子がどのように配列しているのか、すなわち物質の結晶構造について学ぶ。結晶構造は物性に大きな影響を与える基本的で重要な情報である。例えば、グラファイト（鉛筆の芯）とダイアモンドは見た目の色も電気的性質も異なるが、両者とも同じ炭素原子から構成されている。性質の違いは、結晶構造が異なりバンド構造が異なるからで、結晶構造が物性を左右する重要な要素であることがわかる。

　結晶中の原子を直接見ることは難しい。しかし、X線の波の性質を巧みに使うと原子の配列がどうなっているのか「見る」ことができる。本実験では、

　1) X線の性質を学ぶ。X線の定義、発生原理を理解する。

　2) 結晶の記述法を学ぶ。逆格子空間と面指数を理解する。

　3) 回折の原理を学ぶ。X線を使って結晶構造、物質の同定ができることを理解する。

ことが目的である。

A　実験をする前に

1　X線とは

1.1　概略

　X線は1895年ドイツの物理学者レントゲン（Röntgen）により発見された。現在、健康診断などで用いられているX線写真がレントゲン写真と呼ばれているように、発見された当初から透視写真として医学分野に応用された。X線は光の一種だが、波長は約 $10^{-11} \sim 10^{-8}$ m であり、第6章で取り扱う可視光（波長、約 $3.6 \sim 8.3 \times 10^{-7}$ m）に比べて極めて短く（図4.1参照）、エネルギーが高い。X線は目には見えないが写真フィルムを感光させる。また、透過力が強く、人体、木などの人間の目には不透明な物質も容易に透過する。物体をはさんでX線の発生源の反対側にフィルムを置くと、透過しやすい部分と透過しにくい部分に濃淡の差ができるので、いわゆるレントゲン写真が撮れるのである。X線の発見当初はその性質がわからなかったが（不明な光線なのでX線と命名された）、透視写真法は利用価値が高いので、特に医学分野で普及していった。

　X線の回折現象がラウエ（Laue）によって確認されたのは、発見からしばらくたった1912年である。1913年にはブラッグ（Bragg）父子がX線の回折現象を使いNaClの結晶構造解析に成功した。彼らは初めて結晶中の原子の配列を「見た」ことになる。X線の発見の業績により、レントゲンは1901年第1回ノーベル物理学賞を受賞した。1914年にはラウエに、1915年にはブラッグ父子にノーベル賞が授与されている。1世紀前のノーベル賞級の実験を本実験で体験してみよう。

第 4 章　X 線と結晶構造

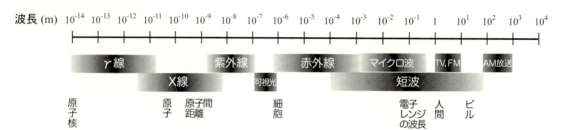

図 4.1: 光の波長と名称

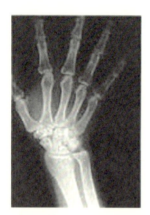

図 4.2: 人体の透視写真（レントゲン写真）

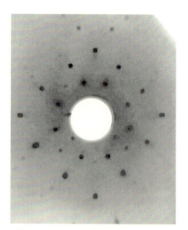

図 4.3: フッ化リチウムの透過 X 線写真。多くの斑点が写っている。

　図 4.2 は人体の透視 X 線写真（いわゆるレントゲン写真）、図 4.3 はフッ化リチウムの単結晶の透過 X 線写真である。図 4.2 は人体の骨を映し出しているが、図 4.3 の一つ一つの斑点は原子の像を映しているのではないことに注意しよう。それぞれの斑点は、結晶内に連続的に配置する様々な反射面からの回折現象の結果である。回折条件を満たし X 線が強まる方向でフィルムが感光し、斑点が現れる。後述のブラッグの回折条件の式から明らかなように、回折現象は光の波長と面間隔が同程度のときに生じる。結晶中の原子間距離は 10^{-10} m のオーダーで、X 線の波長もほぼそのオーダーなので、X 線が結晶で回折現象を示すのである。本実験では、この斑点がどの面から形成されるのかを理解することができる。また、結晶の対称性も議論する。

1.2　X 線の発生方法

　X 線は光（電磁波）の一種で、高速の電子（または陽電子）の運動を急激に変化させることで発生させることができる。一つの方法はシンクロトロン放射である。これは、高エネルギーに加速された電子の軌道を磁場によって曲げるとき、その接線方向に光（放射光）が放出されることを利用する。日本では兵庫県に SPring-8 という世界最高性能の放射光を発生することができる大型の実験施設がある（http://www.spring8.or.jp）。

　一般の実験室環境で X 線を発生させる場合は、X 線の管球を使用する。図 4.4 に X 線管球の原理図を示す。フィラメントを加熱し発生する熱電子を、高電圧で加速しターゲットとよばれる金属に衝突させる。このとき電子の運動は急激に変化し、その際に X 線を発生する。しかし、運動エネルギーの 99% は熱エネルギーにかわるため、ターゲットには融点の高い物質を用い、かつ水で冷却して使用する。ターゲットには

A. 実験をする前に

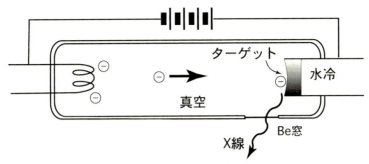

図 4.4: X 線管球の構造

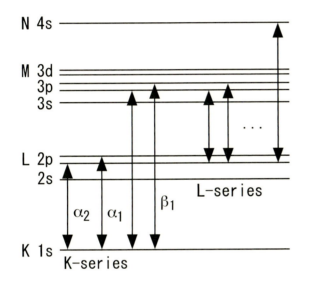

図 4.5: 特性 X 線発生に関係する軌道間の遷移の様子

Cu の特性 X 線の波長

$Cu\ K_{\alpha_1} = 1.54051 \times 10^{-10}$ m
$Cu\ K_{\alpha_2} = 1.54433 \times 10^{-10}$ m
$Cu\ K_{\beta_1} = 1.3922 \times 10^{-10}$ m

Cu、Mo、V、W、Co、Cr、Ag などを使用する。本実験で用いる装置は Cu をターゲットに使用している。

　X 線管球から発生する X 線は、連続スペクトルと線スペクトルからなっている。連続スペクトルは上述の入射電子がターゲット中の原子に当たって減速される時に生じる制動輻射によるもので、その波長分布は入射電子のエネルギーを増すと短波長側にずれてくる。線スペクトルはターゲット原子に固有の波長を持ち、特性 X 線と呼ばれている。ターゲット原子は原子核とそれをとりまく K 殻、L 殻、M 殻等の電子からなっているが、入射電子は内殻の電子をはじき出し、内殻に空孔が生じる。この空孔に外殻の電子が落ち込むことにより X 線が発生する。この時発生する特性 X 線の振動数 ν は、準位間のエネルギー差 ΔE と $h\nu = \Delta E$ の関係がある。一番内側の K 殻に空孔が生じ、この K 殻に外殻の電子が落ち込む時に放射される X 線が K 系列のスペクトルを作り、同様に L 系列、M 系列と続く。K 系列のスペクトルで L 殻から電子が落ち込む時に発生する X 線を K_α 線、M 殻から電子が落ち込む時に発生する X 線を K_β 線という。さらに、L 殻、M 殻は微細構造を持っており、たとえば K_α は K_{α_1}、K_{α_2} のような波長が殆ど同じ二つの特性 X 線に分かれる。以上説明した様子を Cu 原子の場合に示したのが図 4.5 である。

第4章　X線と結晶構造

1.3　X線の吸収

　上述のX線の発生機構で入射電子をX線に置き換えてみる。入射X線の波長を変えていくと、X線の吸収が不連続に変化する波長が存在し、これを吸収端と呼ぶ。吸収端のところでは、たとえばK殻の電子をはじき出すことが出来るようになりX線の吸収が起こる。X線を発生している元素（管球に用いている元素）より原子番号が1〜2小さい元素は、もとの元素のK_α線とK_β線の波長の間に吸収端があるので、K_β線を強く吸収するが、K_αはほとんど吸収しない。そのためその物質は、K_β線を除去するフィルターとして用いることが出来る。本実験では銅（Cu）の管球を用いているので、ニッケル（Ni）を使いK_β線を除去している。

2　結晶と逆格子

　結晶によるX線の散乱について考える前に、結晶について予備知識を整理しておこう。結晶内では原子は3次元の周期的配列をなし格子を形成している。その周期性のもととなる三つのベクトルa_1, a_2, a_3を基本ベクトルとよび、基本ベクトルで形成される平行六面体を単位胞（unit cell）という。式 (4.1) で与えられる位置ベクトル（格子ベクトル）を持つ点の集合が格子点をなす。

$$R = n_1 a_1 + n_2 a_2 + n_3 a_3 \quad (n_1, n_2, n_3 \text{ は0を含む整数}) \tag{4.1}$$

原子あるいは複数の原子からなる単位構造が格子点に配置されることにより、結晶が構成される。

　格子点を格子ベクトルの係数(n_1, n_2, n_3)で指定できるように、結晶内の面すなわち格子面はミラー（Miller）指数あるいは面指数とよばれる指数で指定される。図4.6に示すように、ある格子面が結晶軸と$\left(\frac{a_1}{h}, \frac{a_2}{k}, \frac{a_3}{l}\right)$で交わるときに、その面のミラー指数は$(hkl)$となる。面がある軸と交わらず平行なときは、無限大で交わると考えればその指数はゼロとなる。また、ミラー指数(hkl)は特定の一つの面に対してだけ用いられるのではなく、それと平行な一連の格子面の組に対しても用いられる。その一つは原点を通る面であり、原点から(hkl)面への垂線の長さをd_{hkl}としたときに、d_{hkl}ずつ離れた平行な面の組もまたミラー指数(hkl)で指定される。d_{hkl}は(hkl)面の面間隔となる。

　ミラー指数(hkl)の格子面の組は、次に述べる逆格子ベクトルGで表現することも出来る。

$$G_{hkl} = h b_1 + k b_2 + l b_3 \quad (h, k, l \text{ は0を含む整数}) \tag{4.2}$$

ここで、b_1, b_2, b_3は次式で定義される逆格子の基本ベクトルである。

$$\begin{aligned}
b_1 &= \frac{(a_2 \times a_3)}{a_1 \cdot (a_2 \times a_3)} \\
b_2 &= \frac{(a_3 \times a_1)}{a_1 \cdot (a_2 \times a_3)} \\
b_3 &= \frac{(a_1 \times a_2)}{a_1 \cdot (a_2 \times a_3)}
\end{aligned} \tag{4.3}$$

図4.7に逆格子ベクトルと格子ベクトルの関係を示す。格子ベクトルa_1とa_2がはる面の面積$|a_1 \times a_2|$を、単位胞の体積$a_1 \cdot (a_2 \times a_3)$で割ると$(001)$面の面間隔$d_{001}$の逆数となる。すなわち逆格子の基本ベクトル$b_3$は、$a_1$と$a_2$がはる面に垂直で、その大きさが面間隔の逆数となるようなベクトルである。他の逆格子の基本ベクトルb_1、b_2も同様である。

　逆格子ベクトルの各々が逆格子点に対応し、その集合が逆格子を作る。また、その空間を逆格子空間という。逆格子点を指定する指数(hkl)は実空間では面を指定していたわけだから、逆格子点は実空間の面に対応していると言えよう。格子面に関連した逆格子ベクトルの重要な性質として、

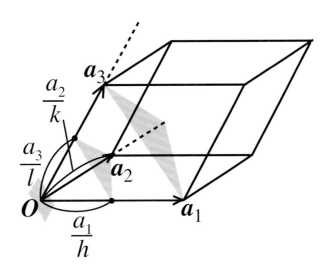

図 4.6: ミラー指数 (hkl) の面。図では (212) 面となるように描かれている。

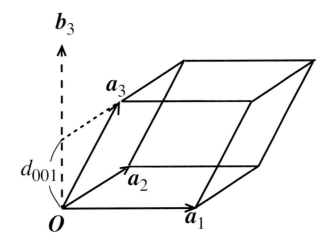

図 4.7: 逆格子ベクトルと格子ベクトルの関係

1) 逆格子ベクトル G_{hkl} は (hkl) 面に垂直である

2) 逆格子ベクトル G_{hkl} の長さは面間隔 d_{hkl} の逆数に等しい

がある。

逆格子の概念の有用さは、上に述べた格子点と格子面との関係を考えるときだけでなく、次の節で説明するX線（広くは結晶内の波動）の散乱を扱うときに特に重要になる。

問 1 上で述べた逆格子ベクトル G_{hkl} の二つの性質を証明せよ。

3 X線の散乱

原子系に入射したX線は原子系の束縛電子により散乱される。この散乱は、X線のエネルギーが原子系の励起エネルギーに近くない限り、自由電子による電磁波の散乱（トムソン（Thomson）散乱）と考えて十分である。原子核は重いのでその寄与は無視できる。

第4章 X線と結晶構造

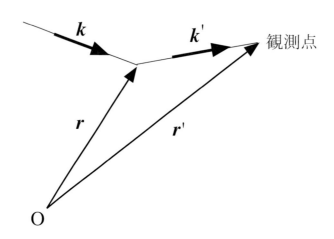

図 4.8: X線の弾性散乱

3.1 結晶による X 線の回折

結晶内では電子密度は結晶格子の周期性を持つので、結晶内の位置 r における電子密度 $\rho(r)$ は、式 (4.1) と単位胞内の電子密度 $\sigma(r)$ を用いて、

$$\rho(r) = \sum_R \sigma(r - R) \tag{4.4}$$

とかける。但し、$\sigma(r)$ は単位胞外では零とする。位相因子 $\exp\{i(k \cdot r - \omega t)\}$ の入射波がこの電子系でトムソン散乱されると、散乱波は各 r 点の電子が出す2次波の重ね合わせになり、結晶から十分離れた点 r' では位相因子 $\exp\{i(k' \cdot r - \omega t)\}$ の平面波(k' は結晶の位置と観測点を結ぶベクトルに平行、図 4.8 参照)になる。振動数は散乱の前後で変わらず、光速度は一定だから、

$$|k| = |k'| \tag{4.5}$$

定時刻に結晶内 r 点における2次波の振動幅は $\rho(r)e^{ik \cdot r}$ に比例するから結晶全体から散乱される散乱波のうち波数ベクトル(wave vector)k' を持つ平面波の振幅は $\rho(r)$ のフーリエ成分

$$\int \rho(r) e^{ik \cdot r} e^{-ik' \cdot r} d^3 r = \int \rho(r) e^{-iK \cdot r} d^3 r \tag{4.6}$$

$$K = k' - k \quad :散乱ベクトル \tag{4.7}$$

に比例する。式 (4.4) を使うとこの量は、

$$\begin{aligned}
\int \rho(r) e^{-iK \cdot r} d^3 r &= \sum_R \int \sigma(r - R) e^{-iK \cdot r} d^3 r \\
&= \left(\int \sigma(x) e^{-iK \cdot x} d^3 x \right) \times \left(\sum_R e^{-iK \cdot R} \right) \quad (x = r - R) \\
&= F(K) \cdot \sum_R e^{-iK \cdot R}
\end{aligned} \tag{4.8}$$

A. 実験をする前に

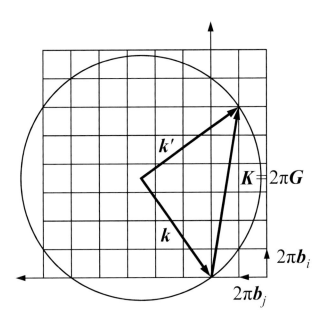

図 4.9: エヴァルト球

の形になる。実際の測定で得られる散乱強度は、この量の絶対値の二乗に比例する。$\boldsymbol{R}$ が式 (4.1) で与えられることを考えれば、

$$\left|\sum_{\boldsymbol{R}} e^{-i\boldsymbol{K}\cdot\boldsymbol{R}}\right|^2 = \left|\sum_{n_1} e^{-in_1\boldsymbol{K}\cdot\boldsymbol{a}_1}\right|^2 \cdot \left|\sum_{n_2} e^{-in_2\boldsymbol{K}\cdot\boldsymbol{a}_2}\right|^2 \cdot \left|\sum_{n_3} e^{-in_3\boldsymbol{K}\cdot\boldsymbol{a}_3}\right|^2$$
$$= \frac{\sin^2(N_1\boldsymbol{K}\cdot\boldsymbol{a}_1/2)}{\sin^2(\boldsymbol{K}\cdot\boldsymbol{a}_1/2)} \cdot \frac{\sin^2(N_2\boldsymbol{K}\cdot\boldsymbol{a}_2/2)}{\sin^2(\boldsymbol{K}\cdot\boldsymbol{a}_2/2)} \cdot \frac{\sin^2(N_3\boldsymbol{K}\cdot\boldsymbol{a}_3/2)}{\sin^2(\boldsymbol{K}\cdot\boldsymbol{a}_3/2)} \quad (4.9)$$

と書ける。ここで、N_1、N_2、N_3 は結晶各辺に並んでいる格子点の数である。このことから、

$$\boldsymbol{K} = 2\pi\boldsymbol{G} \quad (4.10)$$

の時、式 (4.9) は全格子点の数の二乗 $(N_1N_2N_3)^2$ に等しく、$\boldsymbol{K}$ がこの条件より少しずれると、式 (4.9) は急速に減少する。十分大きな結晶では式 (4.9) は $\delta(\boldsymbol{K}-2\pi\boldsymbol{G})$ と考えてよい。これは結晶による散乱では式 (4.10) の条件（ラウエ条件）を満たす場合にのみ強い散乱が観測されることを示す。このラウエ条件は、式 (4.5)、式 (4.7) を使って言い替えれば、図 4.9 のように逆格子の原点 0 を通り半径 $2\pi/\lambda$（λ は X 線の波長）の球面上（エヴァルト（Ewald）球という）に逆格子点 $2\pi\boldsymbol{G}$ が乗ったとき、X 線の散乱が起こることを示す。

問 2 式 (4.10) が ブラッグ条件

$$2d_{hkl}\sin\theta = n\lambda \quad (4.11)$$

と等価であることを示せ。但し、d_{hkl} は面間隔、θ は格子面への入射角（=反射角）、n は整数、λ は波長。

問 3 結晶格子の周期が 2 次元平面内にだけ存在するとき、ブラッグ反射は逆格子空間にどのように分布するか。

第4章 X線と結晶構造

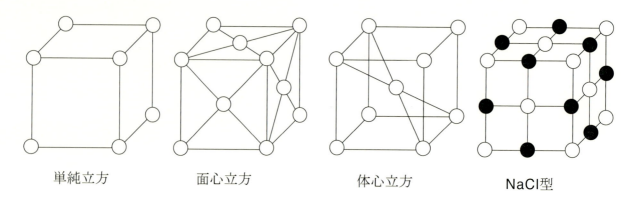

図 4.10: 結晶構造の例

式 (4.8) の $F(\boldsymbol{K})$ は単位胞内の原子の配列によって決まるので構造因子という。ラウエ条件が満たされていても、$F(\boldsymbol{K}) = 0$ ならそのような $\boldsymbol{K}$ を持つ反射は起こらない。単位胞内にいくつかの原子がある場合、電子分布を原子の重ね合わせで表すと、その位置を $\boldsymbol{x}_j$ とし、

$$\sigma(\boldsymbol{x}) = \sum_j \sigma_j(\boldsymbol{x} - \boldsymbol{x}_j) \tag{4.12}$$

したがって、

$$\begin{aligned} F(\boldsymbol{K}) &= \int \sigma(\boldsymbol{x}) e^{-i\boldsymbol{K}\cdot\boldsymbol{x}} d^3\boldsymbol{x} \\ &= \sum_j e^{-i\boldsymbol{K}\cdot\boldsymbol{x}_j} \int \sigma_j(\boldsymbol{r}) e^{-i\boldsymbol{K}\cdot\boldsymbol{r}} d^3\boldsymbol{r} \quad (\boldsymbol{r} = \boldsymbol{x} - \boldsymbol{x}_j) \\ &= \sum_j e^{-i\boldsymbol{K}\cdot\boldsymbol{x}_j} f_j(\boldsymbol{K}) \end{aligned} \tag{4.13}$$

とかける。$\sigma_j(\boldsymbol{r})$ は j 番目の原子の電子密度で、そのフーリエ変換 $f_j(\boldsymbol{K})$ を原子形状因子または原子散乱因子と呼ぶ。

注1) 以上は入射波が一度しか散乱を受けないとし、その吸収や散乱による減衰を無視し得るとした近似である。これらを考慮にいれた理論（dynamical theory）に関しては参考書 [1, 2, 3] を参照。

注2) 単位胞のとり方は一義的でない。たとえば面心立方格子の単位胞は単位胞内に 1 格子点しか含ませないとすると菱面体になり、4 格子点を含ませると立方体になる。

問 4 同じ立方晶系に属していても単純立方格子、面心立方格子、体心立方格子（図 4.10）で反射条件が異なることを式 (4.13) より示せ。このように原子配列の対称性によって系統的に反射が消える場合、その条件を消滅則という。

3.2 粉末試料による X 線回折

X 線の波長（$\lambda \sim 1 \times 10^{-10}$ m）に比べると十分大きいが、マクロにみると個々の結晶粒が目視できないほど小さな微結晶の集合からなっている試料を粉末試料と呼ぶ。このとき X 線が当たる領域には十分な数の

結晶粒があって、あらゆる方向に一様に分布していると考えられる。従って、$2d_{hkl} > \lambda$ である限り（λ は特性 X 線の波長）、ブラッグ条件を満たす結晶粒が存在して 2θ 方向に散乱される。このような条件を満たす面は等方的に分布するから、X 線の入射方向に対して半頂角が 2θ に円錐状の散乱が同心円上に観測される。このように各 hkl の組み合わせに対する d_{hkl} を測定することにより結晶構造及び格子定数が決定できる。

3.3 回折強度に影響を及ぼす因子

原子形状因子 X 線を散乱する電子は原子核の周りに広がりを持って分布しているため、その 2 次波は互いに干渉して方向及び散乱角度に依存する。原子形状因子は電子密度のフーリエ変換になっていることに注意しよう。

偏光因子 入射 X 線は偏光していないが、散乱 X 線は一般に偏光していて、その度合いは散乱角 2θ に依存する偏光因子

$$P(2\theta) = \frac{1 + \cos^2 2\theta}{2}$$

で与えられる。

注) 最近注目されている放射光 (シンクロトロン放射) は強く偏光した X 線源である。その理由を考えてみよう。

多重度因子 例えば立方晶系では面間隔 d_{hkl} は後出の式 (4.14) で与えられるが、同じ面間隔を持つ hkl の組み合わせは多数存在し、その組み合わせの数を多重度という。粉末法ではこれらは同一半径の円上に散乱されるので、散乱強度は多重度に比例する。

ローレンツ因子 回折装置の光学系に付随する幾何学的な要因により、散乱強度には散乱角度に依存する因子が現れる。この因子はローレンツ因子とよばれ、

$$L(\theta) = \frac{1}{4\sin^2\theta\cos\theta}$$

で与えられる。偏光因子と合わせ、ローレンツ偏光因子として扱うことも多い。

問 5 ブラッグ反射の回折線の線幅はどのような原因から生じるだろうか。

B 実験

1 実験 1（ラウエ写真撮影）

1.1 目的

X 線の結晶による回折現象に親しむため、宝石（鉱物）のラウエ写真を撮影する。またラウエ写真の撮影法を修得する。

1.2 原理

単結晶に連続スペクトルを持った X 線を入射させると、結晶の各面は入射 X 線の中からブラッグの条件式を満たす波長の X 線だけを回折する。この現象を、天然の単結晶である鉱物、宝石を用い観測する。

第 4 章　X 線と結晶構造

図 4.11: X 線回折装置 RINT2000

図 4.12: RINT2000 試料部分

1.3　実験方法

X 線回折装置 RINT2000（図 4.11）を用い以下の手順で実験を行う。操作の際には、装置付属の操作手順書を読むこと。

1) 宝石、鉱物（ルビー、サファイア、アメジスト、水晶、パイライト）の中から一つ試料を選び、試料台に試料を粘土で固定する（図 4.12 参照）。このとき試料が入射 X 線ビームのライン上に置かれているようにする。
2) 平板カセットにイメージングプレート（IP: Imaging Plate）を入れる。
3) 平板カセットをホルダーに装着し、X 線回折装置の扉を閉める。
4) 「XG 操作」ソフトウェアから、管電圧 30 kV、管電流 30 mA にセットし、シャッターを開き、3 分露出する。
5) シャッターを閉じ、X 線を遮断する。
6) X 線回折装置の扉を開け、平板カセットを取り出す。
7) IP 読み取り装置（図 4.13）を使って画像を取り込む。
8) 同様にガラスのラウエ写真撮影を行う。

注意　X 線は人体に有害である。装置には、不用意にドアを開けたときに X 線の発生が止まるなどの安全機構が働いているが、不慮の事故を防ぐために、不必要な操作を行わないこと。

1.4　課題

各自が撮影した宝石（鉱物）とガラスのラウエ写真について、それぞれの特徴を考察せよ。

2　実験 2（単結晶試料の軸立て）

2.1　目的

結晶の対称性の概念を把握する。

B. 実験

図 4.13: IP 読み取り装置 RAXIA-Di

2.2 原理

結晶は様々な対称性を持つ。結晶の対称軸に平行に X 線を入射すれば、現れるラウエ斑点は、その結晶軸の対称性を反映した模様を示す。

2.3 実験方法

RINT2000 を用い、以下の手順で実験を行う。

1) LiF の (100) 面が入射 X 線に垂直になるよう、試料台にセットする。
2) 実験 1 と同様の手順で、平板カセットに IP を入れ、30 kV、30 mA で 3 分露出し、写真撮影を行う。
3) 取り込んだ画像に結晶の対称性が正しく現れていないならば、図形の歪みから、修正量を算出して、試料方位を修正し再度撮影を行う。
4) 以上の測定を (110) 面に対しても行う。

2.4 課題

以下の項目に注意し測定結果を解析する。

1) LiF の (100) 面に垂直な軸（[100] と表す）はどのような対称性を持つか。
2) NaCl 型結晶には他にどのような対称性があるか考えよ。
3) 撮影したラウエ写真の斑点がどのような面からの反射であるか、指数付けを行う。

3 実験 3（粉末 X 線回折）

3.1 目的

結晶構造や格子定数の決定、試料の同定、試料中における結晶粒子の方向性配列の決定等、応用範囲の広い粉末 X 線回折法の原理を理解する。また定量的なブラッグ散乱強度の測定から、ブラッグピークの強度と線幅の意味を理解する。

第4章 X線と結晶構造

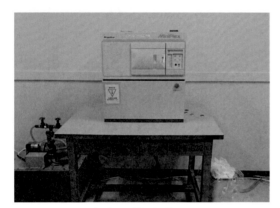

図 4.14: 粉末 X 線回折装置 MiniFlex

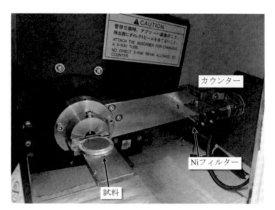

図 4.15: MiniFlex 試料部分

3.2 原理

十分に多数の結晶粉末からなる試料に単色 X 線を入射させると、各 (hkl) 面に対してブラッグの条件を満たす結晶が存在し、消滅則により構造因子がゼロになる面を除く全ての (hkl) 面（但し $d > \lambda/2$）の反射が観測される。θ_{hkl} を観測することによって d_{hkl} を求め、次式

$$d_{hkl} = a/(h^2 + k^2 + l^2)^{1/2} \quad \text{（立方晶系）} \tag{4.14}$$

を使って格子定数 a を定めたり、消滅則より単純立方格子、面心立方格子、体心立方格子を区別することができる。

3.3 実験方法

X 線回折装置 MiniFlex（図 4.14）を用い以下の手順に従い実験を行う。

1) 試料はあらかじめ試料ホルダーにセットされているもの（4個）と NaCl および KCl を用いる。
2) NaCl および KCl 試料は乳鉢で粉末にする。その際粒度が粗い試料と細かい試料の二種類を作る。
3) 作製した NaCl および KCl 粉末を試料ホルダーに充填する。
4) 試料ホルダーを MiniFlex の試料台に取り付ける（図 4.15）。
5) 「標準測定」ソフトウェアで測定を行う。標準測定条件パラメータの例を以下に示す。

   - 測定方法：連続
   - 計数単位：cps
   - BG 測定：しない
   - 開始角度：20 deg **（開始角度は 20 deg 以下には絶対にしてはならない）**
   - 終了角度：100 deg（NaCl, KCl, 試料 D）、150 deg（それ以外の未知試料）
   - サンプリング幅：0.020 deg
   - スキャン速度：10 deg/min

6) 「ピークサーチ」ソフトウェアによる解析を行う。データの平滑化、バックグラウンド除去、K_{α_2} 除去をした後、ピークサーチを行う。
7) 必要があれば、「積分強度計算」ソフトウェアによるピーク強度の計算を行う。

3.4 課題

以下の項目に注意し測定結果を解析する。

1) ブラッグ反射のピークの位置からピークの指数付けを行い、結晶構造と格子定数を定め、試料が何であるかを同定する。

2) 粒度による散乱強度の違いは観測されたか。もし観測されたならその理由について考察せよ。

3) 相対的な散乱強度 I は次の式によって与えられる。

$$I = |F|^2 p \left(\frac{1 + \cos^2 2\theta}{\sin^2 \theta \cos \theta} \right)$$

F は構造因子、p は多重度因子、括弧内はローレンツ偏光因子を表している。実験値を理論値と比較して、散乱強度が計算どおり観測されているか。もし大きくずれていればその理由を考える。

参考文献

[1] 高良和武、菊田惺志：X 線回折技術（東京大学出版会）

[2] 桜井敏雄：X 線結晶解析（裳華房）

[3] カリティ：X 線回折要論（アグネ）

第5章　光学 –回折と干渉–

　自由空間を伝播している光の一部が障害物に遮られると、光はその陰に回りこむ。これは、光が波であることから生じる回折現象である。回折は、光だけでなく、すべての波動で起きる現象で、障害物の大きさが波の波長と同程度のときに顕著となる。直接見えない場所にある音源からの音が聞こえるのは、音波の回折のためである。また前章で学んだように、多数の原子によって回折された X 線がたがいに干渉することによってできる X 線回折像の測定から、ミクロの原子の配列を知ることができる。回折を説明する際に、部分波の干渉という概念を用いるが、これは電子などの粒子の波を扱う量子力学においても重要である (たとえば、ファインマン著「光と物質のふしぎな理論」釜江常好・大貫昌子訳、岩波書店 参照)。このように回折は、物理学のさまざまな分野に関係する一方、身近にも見られる現象であるが、回折を生じさせる物体と回折された波とはなかなか直感的には結びつかない (たとえば、2 つの開口による回折像は、1 つの開口による回折像を単に 2 つ足し合わせたものとは全く異なる) ため、実験を通してその「感覚」を身につけることは重要である。しかし、たとえば X 線回折の場合は、物体の形状を直接観察することは難しいので、両者の関係は理論的に理解する他はない。ところが、光の回折では、回折像の定量的な測定が容易であるだけでなく、その原因である回折物体の方を直接観察することも可能であるので、実験と理論の両面から詳しく現象を見ることができる。そこで本実験では、光を用いた回折・干渉の実験から、波動の回折・干渉現象についての理解を深めることを目的とする。

A　実験をする前に

1　理論

1.1　キルヒホッフの積分

　回折現象は、直感的には **ホイヘンス-フレネル (Huygens-Fresnel) の原理** によって説明される。これは、図 5.1 に示すように、「ある時刻における波面上の各点 (ここでは開口 A 上) が 2 次的な波の源となり、2 次的な波が重ね合わさって干渉したものが、それ以後の時刻における波を形成する」というものである。

　ホイヘンスの原理を数学的に定式化したのが **キルヒホッフ (Kirchhoff) の積分表示** である。それによると、任意の観測点 P での場 u_{P} (ここで場とは、電場などの、波動方程式 $(\Delta + k^2)\, u = 0$ に従うもの) は、スクリーン面 F 上での場 u と、その法線方向の微分 $\partial u / \partial n$ によって決まる。これから、スクリーンに波長 λ の平面波が入射した場合の点 P における回折場を求めると、

$$u_{\mathrm{P}} = -\frac{ik}{4\pi} \int_{\mathrm{A}} (1 + \cos\theta_{\mathrm{PQ}}) \frac{\exp(i\,k\,r_{\mathrm{PQ}})}{r_{\mathrm{PQ}}} dS_{\mathrm{Q}} \tag{5.1}$$

が得られる。積分は、開口 A の上で行なう。r_{PQ} は、点 P と、積分領域を動く点 Q との間の距離で、$k = 2\pi/\lambda$ である。$\exp(i\,k\,r_{\mathrm{PQ}})/r_{\mathrm{PQ}}$ は、ホイヘンスの原理における 2 次波としての球面波を表わす。θ_{PQ} は PQ を結

第 5 章 光学 –回折と干渉–

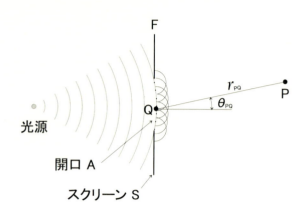

図 5.1: ホイヘンス-フレネルの原理

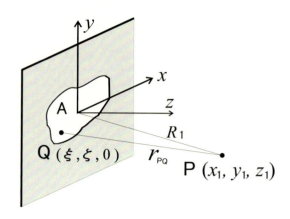

図 5.2: キルヒホッフの積分の座標系

ぶ線と入射平面波の進行方向との間の角で、因子 $1 + \cos\theta_{PQ}$ は、2 次波の強度が 1 次波の進行方向との角度が増すとともに減少することを表わし、傾斜係数と呼ばれる。この係数と分母の r_{PQ} は、r_{PQ} が開口部分の大きさに比較して十分に大きいときは、定数と見なして積分の外に出してよい。

キルヒホッフの積分から、u^0 を回折物体が無い場合の自由空間を伝播する u とすると、上の解 u_P と、スクリーン S と開口 A を入れ換えた場合の解 u'_P との関係として、**バビネ (Babinet) の定理** $u_P + u'_P = u_P^0$ が成り立つことがわかる。

図 5.2 に示すように座標系を取り、$(\xi, \zeta, 0)$ を積分変数 Q の座標、(x_1, y_1, z_1) を観測点 P の座標とすると、

$$r_{PQ}^2 = (x_1 - \xi)^2 + (y_1 - \zeta)^2 + z_1^2$$

$$R_1^2 = x_1^2 + y_1^2 + z_1^2$$

となる。ξ と ζ が、R_1 と比較して小さいとして、式 (5.1) の指数関数の中の r_{PQ} を ξ, ζ で展開すると、

$$u(x_1, y_1) = \mathrm{const}\, \frac{e^{ikR_1}}{R_1} \iint_A \exp\left[ik\left(-\frac{x_1\xi + y_1\zeta}{R_1} + \frac{\xi^2 + \zeta^2}{2R_1} - \frac{(x_1\xi + y_1\zeta)^2}{2R_1^3} + \cdots\right)\right] d\xi d\zeta \qquad (5.2)$$

が得られる。実験で測定される光強度 I は電場の二乗であるので、$I \propto |u(x_1, y_1)|^2$ となる。

式 (5.2) の計算は、ξ, ζ について高次の項を取り入れようとすると困難になる。1 次の項のみ考えるのが**フラウンホーファー (Fraunhofer) 回折**であり、これは、R_1 が十分に大きい場合は良い近似となる。一方、ξ, ζ について 2 次の項まで (すなわち式 (5.2) の項を全部) 取り入れたのが**フレネル回折**である。

問 1 直径 0.5 mm の開口を持つスクリーンによる回折の場合、スクリーンから観測点までの距離 R_1 がどの程度以上あれば、フラウンホーファー回折と見なせるか。光の波長は、633 nm とする。開口の直径が大きくなると、条件はどう変わるか。

1.2 フレネル回折

式 (5.2) で、P の座標が $(0, 0, R_1)$ になるように座標系を取る (すなわち、場を求める点 P の位置に応じて異なる座標系を取る)。こうすると、x_1, y_1 を含む項を落とすことができ、式が簡単になる。

半無限平面のふち

$x < 0$ の領域にスクリーンがある場合のフレネル回折パターンは、

$$u(x) \propto \int_{-x}^{\infty} \exp\left(ik\frac{\xi^2}{2R_1}\right) d\xi \tag{5.3}$$

を計算すればよい。この積分は解析的に求めることはできないが、

$$\int_0^w \exp(i\frac{\pi}{2}z^2) dz = C(w) + iS(w) \tag{5.4}$$

で定義される積分はフレネル積分と呼ばれ、表になっているので、それから式 (5.3) の値を求めることができる。フレネル積分は、コルニュー (Cornu) らせんを用いて図形的に解いたり、Mathematica などで数値計算によって求めることもできる。式 (5.3) の u は、$w = x\sqrt{k/\pi R_1}$ を使って、const・$[(1+i)/2 + C(w) + iS(w)]$ と表わされる。図 5.3 に、その実部 $1/2 + C(w)$ を示す。バビネの定理が成り立っていることがわかる。

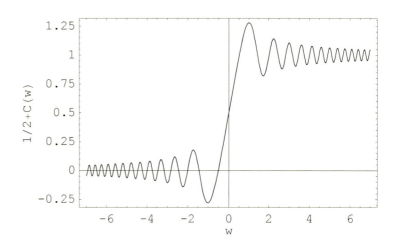

図 5.3: 半無限平面によるフレネル回折

円形開口 半径 a の円形開口を考える。中心軸上の振幅ならば、フレネル回折の場合でも解析的に求めることができる。式 (5.2) で $x_1 = 0, y_1 = 0$ と置くと、積分は

$$\int_0^a \exp\left(ik\frac{r^2}{2R_1}\right) 2\pi r\, dr = \frac{2R_1}{ik}\left\{\exp\left(ik\frac{a^2}{2R_1}\right) - 1\right\}$$

となる。これから、$(2\pi/\lambda)(a^2/2R_1) = 2\pi m$ (m は整数) のとき、すなわち

$$R_1 = \frac{a^2}{2m\lambda} \quad (m = 1, 2, \cdots) \tag{5.5}$$

のときに、中心軸上での光強度がゼロになることがわかる。

問 2 式 (5.5) の関係を、より直感的に導くことはできないか。
　　ここで「直感的」とは、積分を使わず、現象の本質をより見やすく説明する、というようなことである。円形開口のさまざまな部分を通った光が、中心軸上のある点に到達したときに、そこまでの光路長の違いによって干渉して打ち消しあう条件を考える。開口の中心と端を通った光だけを考えたのでは、正しい答えは出ない。

問 3 円形のディスク (開口の逆) の場合は、どのような像ができると考えられるか。
　　式 (5.5) が成り立つ位置に置かれた円形開口を、同じ大きさのディスクで置き換えた場合のフレネル回折像がどうなるかを、定性的に考えればよい。

1.3 フラウンホーファー回折

式 (5.2) で、回折光強度は一般に x_1、y_1 と R_1 の関数であるが、ここで ξ, ζ について 1 次の項のみを考える (フラウンホーファー回折) 場合は、方向余弦 $x_1/R_1 = \alpha = \cos\theta$, $y_1/R_1 = \beta = \cos\phi$ (ただし、θ, ϕ は、スクリーン上の原点と点 P を結ぶ線が x 軸, y 軸とそれぞれなす角) を導入し、開口内で 1、スクリーン上で 0 となる透過関数 $G(\xi, \zeta)$ を用いると、

$$u(\alpha, \beta) \propto \iint_{-\infty}^{\infty} G(\xi, \zeta) \exp\{-ik(\alpha\xi + \beta\zeta)\} d\xi d\zeta \tag{5.6}$$

となる。これは、回折光強度が回折光の進行方向 α、β のみによって決まることを意味している。フラウンホーファー回折の条件を満足するような十分遠方で観測を行なうことは一般に困難であるが、この結果から、レンズを用いれば有限の距離でフラウンホーファー回折の回折パターンを観測することができることがわかる。なぜなら、レンズは同じ方向に進行する平行光を焦点面上で一点に集光する働きを持つからである。一方、式 (5.6) は、関数 $G(\xi, \zeta)$ の 2 次元のフーリエ変換の形をしていることもわかる。つまりフラウンホーファー回折は、フーリエ変換の計算結果を直視できる (ただし、通常測定できるのは光の強度であるから、フーリエ変換の結果を二乗したものが観測される) 現象でもある。

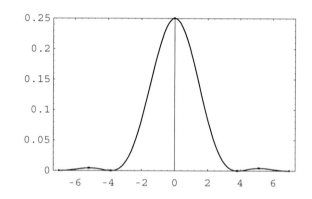

図 5.4: 円形開口によるフラウンホーファー回折の強度 $(J_1(x)/x)^2$ (横軸は x)

単一スリット y 方向に無限に長く、x 方向の幅が b のスリットによるフラウンホーファー回折は、

$$u(\alpha, \beta) \propto \int_{-b/2}^{b/2} d\xi \int_{-\infty}^{\infty} d\zeta \exp\{-ik(\alpha\xi + \beta\zeta)\} \propto \delta(\beta) \frac{\sin(k\alpha b/2)}{k\alpha b/2} \tag{5.7}$$

で与えられる (δ は Dirac のデルタ関数)。したがって、強度は α の関数として

$$|u(\alpha)|^2 \propto \left(\frac{\sin(k\alpha b/2)}{k\alpha b/2}\right)^2 \tag{5.8}$$

となる。

円形開口 半径 r の円形開口によるフラウンホーファー回折は、1 次のベッセル関数 J_1 を用いて、

$$|u(\alpha)|^2 = \left(\frac{J_1(kr\alpha)}{kr\alpha}\right)^2 \tag{5.9}$$

となる。ただし、回折場は軸対象なので、$\beta = 0$ の場合の α の関数として表わした。回折像の最小の暗い輪は、$\alpha = 0.61\lambda/r$ のときに生じる。図 5.4 に、$(J_1(x)/x)^2$ を示す。

A. 実験をする前に

問 4 上の結果を応用して、半径 r のレーザービームを焦点距離 f のレンズで集光した場合の、焦点における スポット (焦点に作られる光の点のこと。その大きさはゼロではなく、有限である。) の大きさを 見積もれ。実験で用いているレーザーやレンズでは、どの程度のスポット径になるか。実験で用いる レーザービームの半径 r の値は、おおざっぱな見積もりでよいが、ビームエキスパンダーで広がった 状態のものでなく、元の細いビームのもの (たとえば半径 0.4mm) を使う。

考え方のヒント：円形開口のフラウンホーファー回折

複数の開口　同じ形の開口が複数個ある場合は、一つの開口の透過関数を $g(\xi, \zeta)$、各開口の位置を (ξ_j, ζ_j) とすると、透過関数は

$$G(\xi, \zeta) = \sum_j g(\xi - \xi_j, \zeta - \zeta_j)$$

となり、これを式 (5.6) に代入すると、

$$u(\alpha, \beta) \propto \sum_j \exp\{-ik(\alpha\xi_j + \beta\zeta_j)\} \cdot \iint_{-\infty}^{\infty} g(\xi, \zeta) \exp\{-ik(\alpha\xi + \beta\zeta)\} d\xi d\zeta \tag{5.10}$$

が得られる。これは、開口の位置で決まる関数と、一つの開口による回折パターンの、積の形となっている ので、それぞれを別々に考えて、その結果を掛け合わせればよい。後者については既に扱ったので、前者に ついて考える。N 個の開口が 1 次元的に等間隔に並んでいる場合は、$\xi_n = nd$ $(n = 0, \cdots, N-1)$ とすると、

$$\left| \sum_{n=0}^{N-1} \exp(-ik\alpha\xi_n) \right|^2 = \left(\frac{\sin(k\alpha dN/2)}{\sin(k\alpha d/2)} \right)^2$$

となる。観測される回折パターンは、これに一個の開口の回折パターンを掛け合わせたものである。

　開口が 2 次元の格子状に並んでいる場合は、$(\alpha, \beta) = \boldsymbol{x}$ と置き、2 次元格子の基本並進ベクトルを $\boldsymbol{a}, \boldsymbol{b}$ とすると $(\xi_j, \zeta_j) = m\boldsymbol{a} + n\boldsymbol{b}$ $(m, n$ は整数) であるので、

$$\left| \sum_j \exp\{-ik(\alpha\xi_j + \beta\zeta_j)\} \right|^2 = \left| \sum_{m,n=0}^{M-1, N-1} \exp\{-ik(m\boldsymbol{a} + n\boldsymbol{b}) \cdot \boldsymbol{x}\} \right|^2 \tag{5.11}$$

$$= \left| \frac{1 - \exp(-ikM\boldsymbol{a} \cdot \boldsymbol{x})}{1 - \exp(-ik\boldsymbol{a} \cdot \boldsymbol{x})} \cdot \frac{1 - \exp(-ikN\boldsymbol{b} \cdot \boldsymbol{x})}{1 - \exp(-ik\boldsymbol{b} \cdot \boldsymbol{x})} \right|^2 \tag{5.12}$$

$$= \left(\frac{\sin(kM\boldsymbol{a} \cdot \boldsymbol{x}/2)}{\sin(k\boldsymbol{a} \cdot \boldsymbol{x}/2)} \cdot \frac{\sin(kN\boldsymbol{b} \cdot \boldsymbol{x}/2)}{\sin(k\boldsymbol{b} \cdot \boldsymbol{x}/2)} \right)^2 \tag{5.13}$$

となる。こうしてできる回折パターンは、逆格子を使うと考えやすい。逆格子ベクトル $\boldsymbol{A}, \boldsymbol{B}$ は、

$$(\boldsymbol{a} \cdot \boldsymbol{A}) = 0 \quad (\boldsymbol{a} \cdot \boldsymbol{B}) = 2\pi$$

$$(\boldsymbol{b} \cdot \boldsymbol{B}) = 0 \quad (\boldsymbol{b} \cdot \boldsymbol{A}) = 2\pi$$

を満たすベクトルである。これから、$\boldsymbol{x} = (\alpha, \beta) = (p\boldsymbol{A} + q\boldsymbol{B})/k$ $(p, q$ は整数) のときに、式 (5.13) は最 大値を取ることがわかる。

第 5 章 光学 –回折と干渉–

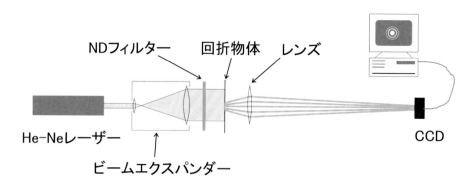

図 5.5: 実験装置

B 実験

1 実験装置

実験装置を 図 5.5 に示す。

He-Ne レーザー 光源としては、He-Ne レーザーからの波長 632.8 nm の単色光を用いる。レーザーからの出力ビームは細く、回折物体全体に当たらないので、ビームエキスパンダーを使ってビーム径を拡大したのち、ピンホールなどのさまざまな回折物体に通す。小さな回折物体 (ピンホールなど) にレーザー光を当てるときは、できるだけビームの中心部を使うようにした方がよい。

アッテネーター CCD に入る光の強度が適当になるように、ND フィルターまたは偏光板によって He-Ne レーザーの強度を調節する。

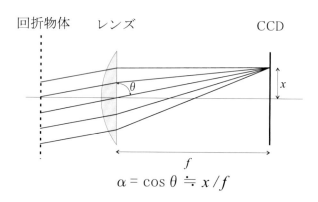

図 5.6: フラウンホーファー回折の測定方法

レンズ フラウンホーファー回折の実験の場合は、回折物体と CCD の間に焦点距離 f のレンズを置き、平行光がレンズによって CCD 上に集光されるようにする。こうして測定される像は無限遠方での測定と同等であり、フラウンホーファー回折の条件が満たされる。CCD 上の位置 x と、方向余弦 α (定義は、式 (5.6) の上でしている) の関係は、α が小さいときは、図 5.6 のように決まる。レンズの焦点距離は、回折物体に応じて、測定したい回折像が CCD の受光面からはみ出ないものを選ぶこと。焦点の調整は、回折物体を置かずにレンズで CCD 上に光を絞り、焦点の大きさがディスプレイ上で最も小さくなるようにする。あるいは、シャドーマスクを通してからレンズで集光した像を見ると、わかりやすい。この調整がまずいと、すべてのフラウンホーファー回折の測定結果に影響を与えるので、ていねいにやること。

CCD CCD カメラのレンズをはずしたものである。CCD の受光面は、CCD カメラの前端から 17.5 mm 奥に位置している。CCD の受光面上の像は、コンピューターに取り込み、保存、印刷、解析などを行なう。コンピューターへの取り込みは、回折像をそのまま写真のように 2 次元的な像として保存する方法 (イメー

B. 実験

ジデータ) と、像の上のある直線上の光強度を [位置] 対 [強度] のデータ (ラインデータ) として保存する方法がある。

2 注意

1) CCD で測定する前に、まず回折像をできる限り肉眼で観察して特徴を捉える。CCD とコンピューターによる測定の際は、CCD の受光部のサイズは有限で、ダイナミックレンジも有限である (次項参照) ので、測定したい回折像の特徴がきちんとデータとして取り込まれるように条件を整えること。

2) CCD のダイナミックレンジは限られているので、光が強すぎて信号が飽和したり、弱すぎてノイズに埋もれたりしないように、ND フィルターまたは偏光板を用いて適切な強度に調整すること。像の明暗の変化の幅が大きい場合は、1 回の画像取り込みで十分とは限らない。光が強い部分を取るためにレーザー光を弱めてデータを取り込み、一方、光が弱い部分を取るためにレーザー光を強くしてもう一度データを取り込むなど、工夫して、できるだけ多くの情報を残すようにしなければならない。

3) 実験の内容によって、イメージデータとラインデータのどちら (あるいは両方) の形式のデータを取っておくべきか、考えてから測定を行なうこと。ラインデータの切り出しは、イメージデータの水平線上でしかできないので、ラインデータを取り出す予定の場合は、切り出したい線が水平になるようなイメージデータが取れるように、回折物体の置き方に注意すること。

4) 各課題では、測定の内容や方法を具体的に書くことは、できるだけ避けている。そのため、きちんと予習をして現象を理解し、どのようなデータが取れるか、予測や定量的な見積もりをしてから実験を始めないと、必要なデータが取れなかったり、無駄な測定をすることになる。また、光の実験ではレンズなどの光学部品の配置には無限の自由度があるので、どの条件が実験結果に影響するかを考え、関係する可能性のある実験条件はすべて記録しておくこと。各課題で、「観察する」などと書いてあるのは、単に目で眺めてみることではなく、必要に応じてイメージデータまたはラインデータ（またはその両方）を測定し、可能な範囲で理論との定量的比較を行なうこと、のようなことを意味する。

3 実験

課題 1

コンピューターに取り込まれた像の大きさ (あるいは、表示されている領域の全幅) と、CCD 上での実寸との関係を調べよ。

この測定結果としては、以下の実験でコンピューターに取りこんで保存した回折像のデータを、あとで理論と定量的に比較する際に必要な情報が得られればよい (何が必要か?)。測定方法は 各自工夫して、できるだけ精度の高い値が得られるようにすること。このデータは、他の測定が終わったあとで取ってもよいので、うまい方法を思いつくまで後回しにしてもよい。

課題 2

さまざまな径の円形孔によるフレネル回折を観察し、式 (5.5) を確かめる。

用意されているピンホールのすべての径で測定をする必要はなく、ピンホールと CCD との現実的な距離などから、測定可能な径でのみ実験すればよい。 ただし、「式 (5.5) を確かめる」ためにはどんな測定をするのがベストかを考えること。まず、式 (5.5) にピンホールの径を入れて R_1 を見積もってみるとよい。(m が 大きければ R_1 はいくらでも小さくなるが、m があまり大きいと、隣

参考文献

接する R_1 の間隔が狭くなり、測定は難しくなる。そのときは、また r_{PQ} が回折物体の大きさ に比較して十分に大きいという近似も成り立たなくなる。)

課題3

円形孔 (上と同じ円形孔、またはカラーテレビのブラウン管に使われるシャドウマスクにビニールテープを貼って孔が一つだけ出るようにする) によるフラウンホーファー回折 (レンズを用いる) を観察する。

課題4

上記のシャドウマスクとビニールテープを使って、円形孔が直線上に等間隔で 2 個〜N 個並んでいる場合のフラウンホーファー回折を観察する。孔の数が増えると、回折像はどのように変わるか。ピンホールの径、間隔は、顕微鏡で調べる。

孔の数は、回折像が顕著に変わるあたりを詳しく調べること。孔は、黒いビニールテープを使ってできるだけきれいにふさぎ、光を通す孔がなるべくきれいな円形である (ゴミやテープで部分的にふさがれない) ように注意し、それ以外の部分から光が洩れないようにした方がよい。解析に際しては、(5.10) 式およびその次の式を参考にせよ。

課題5

シャドウマスクをそのまま用いて、2 次元格子によるフラウンホーファー回折を観察する。

シャドーマスクの孔の並び方を顕微鏡で確かめてから設置し、たとえば最近接の孔が水平方向に並んでいるとき、回折像の方はどのように並んでいるかに注目する。逆格子の考え方を参考にせよ。

課題6

スライドガラスの上にグリセリンを薄く塗り、そこに松の花粉を散布して、フラウンホーファー回折パターンを観察する。松の花粉は、ほぼ同じ形の円形ディスクがランダムに配置された回折物体と見なすことができる。これによってできる回折像は、どうなるか。回折パターンから花粉の直径を求め、顕微鏡による実測値と比較する。

スライドガラスにグリセリンを少量つけてからふき取り、ガラス表面にグリセリンがごく少量、一様に残るようにする。そこに花粉を少量ふりかけ、ガラスの側面をはじいて一様に広げる。きれいな回折パターンを得るためには、松の花粉が適切な密度で分散されていることが重要である。花粉による回折像は、他の回折物体による像と比べて像の大きさが違うので、まず肉眼で回折像をよく見て、それが適切に CCD に入るようにして測定を行なうこと。回折像を考える際のヒントは、バビネの定理と課題3および式 (5.10)。

参考文献

[1] 村田 和美：光学 (サイエンス社、1979)

[2] 飯沼 芳郎：干渉及び干渉性 (物理学 One Point 11) (共立出版、1981)

[3] M. ボルン、E. ウォルフ：光学の原理 II (東海大学出版会、1975)

[4] 櫛田 孝司：光物理学（共立物理学講座 11）（共立出版、1983）

第6章 光学 –分光–

　光は「可視光」とも呼ばれ、X線やγ線などと共にある波長領域の電磁波を指す言葉であり、「色」と直接結びついている。「色」は光の波長によって私たちが認識する感じ方の違いである。リンゴが赤く見える、ミカンが黄色に見える、等、私たちはいろいろな物質の「色」を感じて日常生活をしている。この物質の「色」について調べてみようというのが本実験である。

　可視光をそれぞれの波長に分解してその強度を測定することを分光と呼ぶ。分光器によって測定される光の強度の波長による変化をスペクトルと呼ぶ。一般に、光が物質と相互作用するとそのスペクトル形状が変化するので、物質と相互作用する前後のスペクトルを比較することで、物質に関する情報を得ることができる。たとえば、吸収スペクトル・発光スペクトルは、物質の電子状態について重要な情報を与える。この実験課題では、可視光域（波長400～800nm程度）において種々のスペクトルを測定し、光と物質との相互作用について理解することを目的とする。可視光域のスペクトルはきわめて身近な物理量である。蛍光灯と白熱電球や青い空と夕焼けのスペクトルのちがい、いろいろな蛍光塗料のスペクトルなど対象は無限にある。自発的に対象を発見し測定に取り組むことを歓迎する。この課題では簡便な分光装置を用いており測定が容易である分、実験の力点を現象の理解において実験を進めてもらいたい。なお、光科学一般について豊富な例をあげながら解説した書物として文献 [1] がある。

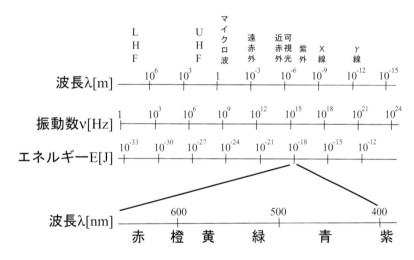

図 6.1: 電磁波とエネルギーの関係

A 実験をする前に

　分光の説明に入る前に、電磁波全体から見た光について概説する。図 6.1 で見られるように、電磁波は波長によって、電波時計などの標準電波として使われている波長の長い長波から高エネルギーのγ線まで、私

第6章　光学 –分光–

たちの生活にいろいろかかわってきている。その中で 400〜800nm 程度のわずかな領域が可視光領域である。この波長領域は人間の眼の感じる領域に対応し、網膜中のロドプシンの特性波長に原因があるといわれている。ロドプシンに限らず分子の吸収スペクトルを考えた時、回転や振動のエネルギーは可視光よりも長波長領域（遠赤外線、赤外線）になり、分子内の電子の基底状態から励起状態への遷移エネルギーがこの可視光と同レベルになるものが多い。そこで、可視光の分光は、分子内の電子状態を知る良い実験方法となる。

分光測定は図 6.2 のような一連のシステムからなっている。この課題で用いる小型の分光器は、分光のた

$$\boxed{光源} \Rightarrow \boxed{光学系} \Rightarrow \boxed{試料} \Rightarrow \boxed{光学系} \Rightarrow \boxed{分光器} \Rightarrow \boxed{光検出器} \Rightarrow \boxed{データ–収集系}$$

図 6.2: 分光測定の流れ

めの回折格子と光検出器が内蔵されており、コンピュータでスペクトルを取り込むことができる。したがってこの実験課題での主たる実験は、光源からの光を適切に試料まで導き、そのあと信号光を検出器へ入射することである。光源、検出器については、文献 [2]、[3] が参考になる。

一般に分光実験では、測定されたスペクトルから試料と光の相互作用や試料の電子状態などを推察する。しかし、測定装置自体にも多くの光と物質の相互作用が関係しており、それを理解することは重要である。たとえば光検出器では、光のエネルギーが物質中の電気信号に変換される。

問1 この実験課題で用いられている分光装置の光検出器は CCD（charge coupled device）と呼ばれているものである。そこにはどのような物質が使われているか？その素過程はどのような物理現象なのか調べてみよ。余裕があれば、人間の目や写真が写る仕組みについても調べてみよ。実験終了後に取り組んでも構わない。文献 [4] には、人間の目の仕組みや色覚についての詳しい記述がある。

光のエネルギーを吸収する光検出器とは反対に、光源では物質から光が放射される。たとえば、白熱電球は高い温度による発光であると言える。物質と光の場が熱平衡状態にある場合、放出される光のスペクトル形状は温度によって決定される。それは**黒体輻射**と呼ばれ、その研究は量子力学の発展を促した。黒体輻射については多数の教科書に記述があるが、朝永振一郎の量子力学 I [5] には、量子力学の黎明期における研究例として黒体輻射が詳しく取り上げられている。太陽表面の温度がおよそ 6000K であると分かるのは黒体輻射によるスペクトルが計算できるからである。一方、蛍光灯は黒体輻射と異なる機構で発光している。それは、放電によって気体状の水銀にエネルギーが与えられ、水銀から放出された紫外線が、蛍光物質によって可視光に変換されて白色の光が放出されている。また、この実験課題でも用いるレーザーは、太陽や蛍光灯の光と比べて、多くの優れた特徴を持っている。それは、輝度が高いこと、コヒーレントであること、スペクトルの単色性などで、それらの性質のためレーザーは科学研究のみならず幅広い分野に応用されている。

ここで、これから実験で用いる三つの色素（NK85、NK-1533、NK-1511）について考察してみよう。図 6.3 に示されているように、これらの色素は構造的によく似ており両側のベンゼン環の間に位置する共役二重結合の長さのみが異なっている。この共役二重結合の π 電子のみを考えると、近似的に 1 次元の井戸型ポテンシャルに閉じ込められた自由電子として考えられる。井戸の障壁が無限大であると仮定して、この電子の固有状態をシュレーディンガー方程式を解くのは量子力学の初歩の問題で容易である。井戸の底の長さ L は電子の動きうる分子上の長さに対応する。電子の質量を m としてエネルギー固有値を求めると、

$$E_n = \frac{1}{2m}\left(\frac{\hbar\pi}{L}\right)^2 n^2 \quad (n = 1, 2, 3 \cdots)$$

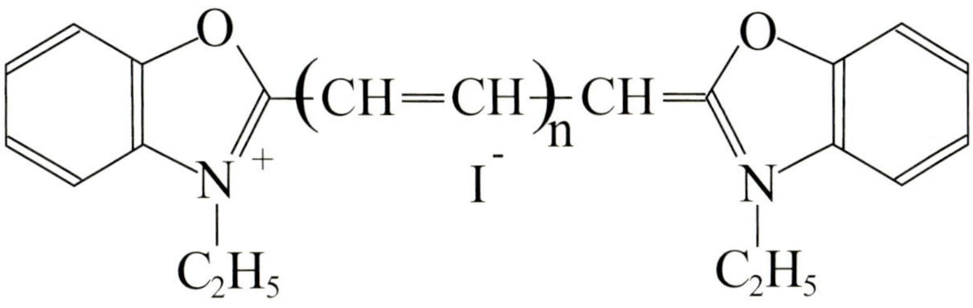

B. 実験

$$
\begin{array}{c}
\\
\end{array}
$$

$$n = 1 : NK85$$
$$2 : NK\text{-}1533$$
$$3 : NK\text{-}1511$$

図 6.3: 実験に用いる色素の構造式

と求まる。E_n は n 番目のエネルギーを示している。$n-1$ 番目と n 番目のエネルギー間隔は $E_n - E_{n-1} = (1/2m)(\hbar\pi/L)^2(2n-1)$ となり、L に依存する。電子をエネルギーの低い状態からつめて行った時、ちょうど $n-1$ 番目までつまったとしよう。このとき、ちょうどエネルギー間隔に一致したエネルギーを持った光を吸収して、最高位の $n-1$ 番目にある電子がさらにエネルギーの高い n 番目へ遷移する。これが光の吸収過程と考えることができる。

B 実験

1 装置

注意 使用する分光器、光学機器等について、実験用のコンピューター内に用意されている説明のページをしっかり読み、使用方法を理解して光学系を組み立てるように。

課題 1

分光器へ光を導入する光ファイバーをハロゲンランプ（ハロゲン入りタングステンランプ）、蛍光灯に向け、それらのスペクトルを測定する。両者の差を上述の発光過程の差から簡単に考察せよ。また、パソコンのディスプレイや、携帯電話の液晶パネル、そのスペクトルもとってみよ。さらに、スクリーンに当てたレーザー光のスペクトルを測定し、その単色性を確かめよ。

太陽や蛍光灯のスペクトルには、さまざまな波長の光が含まれている。そのため人間の目にはおよそ白色に見える。しかし、その光で照らされた物体は色が付いていることが多い。赤いセーター、茶色の靴、緑の缶など、色の付いたものはそこら中にある。

課題 2

ハロゲンランプの光をレンズで集光し、色の付いた物（何でもよい）にあて、その反射光のスペクトルを測定する。そのスペクトルには、ハロゲンランプのスペクトルと比較してどのような

変化が現れているか、またそれは見た色と対応がついているか考察せよ。

課題1で得られたハロゲンランプのスペクトルは、真のハロゲンランプのスペクトルを表わしてはいない。それは、光ファイバー、分光器中の回折格子、光検出器などの透過率や感度に波長依存性があり、スペクトルを歪めてしまうからである。そのゆがみをあらわす関数を装置関数という。

課題3

ハロゲンランプからのスペクトルが、温度3400Kの物体からの黒体輻射であると仮定して、装置関数を決定せよ。装置関数とは観測されたハロゲンランプのスペクトルを黒体輻射から計算されるスペクトルで割ったものである。

2 吸収スペクトル測定

物質と光の相互作用の例として、色素分子による光の吸収を見てみよう。吸収とは光のエネルギーが物質に吸われてしまうことであるが、それを量子力学の言葉で表わすならば、前節で示したように電子基底状態にあった色素分子が電磁場と相互作用して、電子励起状態に遷移することである。色素分子は、その電子状態によって決まった波長の光を吸収するので、透過光のスペクトルでは特定の部分が消失し色がつくことになる。文献 [6] は、色素分子一般についてわかりやすく紹介してある。また、色素分子の吸収と発光など光と物質の相互作用に関する代表的なテキストとして、櫛田孝司の光物性物理学 [7] があげられる。文献 [8] の第四章、第五章や、文献 [9] なども、吸収と発光について参考になる。

以下に示すような光学系を組み上げ、色素溶液の透過スペクトルを測定する。ピンホールを用いて、ラン

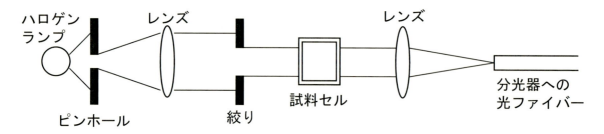

図 6.4: 吸収スペクトル測定の光学系

プから出る光のうち小さな立体角に放出される光のみを選択し、レンズを用いて平行光線を作る。その後、試料中を透過させ、光ファイバー入口に集光する。

課題4

試料としてエタノールのみをセルに入れスペクトルを測定せよ。このスペクトル I_0 を参照光とよぶ。

課題5

三種類の色素溶液の透過スペクトル I を測定する。それぞれの溶液をエタノールで薄めることで、試料濃度を変化させて測定を行う。また、セルの厚さを変化させて測定を行う。実験結果から透過度 (I/I_0) を計算せよ。透過スペクトル I が $I = I_0 \times 10^{-D}$ のように書けるとき、

B.　実験

$D(=\log_{10}(I_0/I))$ を吸光度という。実験結果から D を計算せよ。吸光度 D を波長（あるいは光子エネルギー）の関数として描いたものを吸収スペクトルという。

課題6

吸光度が吸収媒体の厚さ d に比例すること：ランバートの法則（Lambert の法則）および、溶液の吸収は溶質の濃度 C に比例すること：ビアの法則（Beer の法則）が成立しているか、確かめよ。このランバート・ビアの法則（Lambert-Beer の法則）$\log_{10}(I_0/I)=\epsilon C d$ に基づいて、モル濃度 C からモル吸光係数 ϵ を求めよ。

注意 吸収測定では、溶液の濃度が濃すぎると吸収が飽和してしまい、濃度の変化やセルの厚さによる吸収の違いが正確に測れないので気をつける事。

課題7

課題5で測定した三つの色素は、図 6.3 に示すように分子構造において共役二重結合の長さが異なっている。吸収極大の位置をそれと関連付けて議論する。色素分子の π 電子のみを考え、それらが一次元の井戸型ポテンシャルに束縛されているモデルを用いて、吸収極大の位置と共役鎖長の関係について論ぜよ。吸収スペクトルの共役二重結合の長さ依存性については、文献 [10] に詳しい解説がある。

物質の電子状態として、二準位（基底状態と一つの励起状態）のみを考えた場合の光との相互作用は、文献 [11]、[12] に詳しい記述がある。どちらも、レーザーのよい入門書なので、レーザーに興味を持った者は参照するとよい。

3　発光スペクトル測定

光を吸収して高いエネルギーを持つ電子状態に励起された色素分子は、いずれ光を放出して最も安定な基底状態に戻ってくる。それが発光現象である。実際、ブラックランプを用いて紫外線光を色素溶液に通すと、色素分子がブラックランプが出す光の波長と異なった波長の光を放出する。それがどのような形状のスペクトルになるのかを測定する。色素分子を励起するために用いるブラックランプ（ブラックライト）とは、紫外線を出す蛍光灯の親戚のようなものである。よくカラオケ屋やパーティ会場などで、薄暗い中で青紫っぽい光が出ていてTシャツや白いシャツ等が不気味に光ることがあるが、あれがそうである。青紫っぽい光が紫外線という訳ではない。出ている紫外線の量はそれほど多くなく人体に影響は無いが、長時間裸眼で見ないほうが良い。

課題8

三種類の色素溶液の発光スペクトルを図 6.5 のような装置を組んで測定せよ。発光は弱いので、光ファイバーへの導入が正しく行われていなければスペクトルを測定することはできない。

課題9

得られたスペクトルを課題3で決定していた装置関数を用いて補正し、正しい発光スペクトルを求めよ。

第6章 光学 –分光–

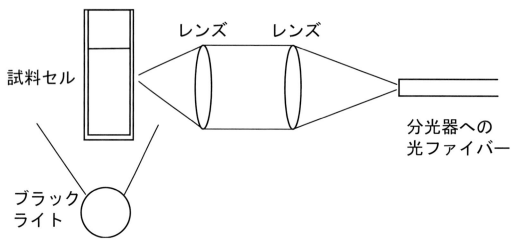

図 6.5: 発光スペクトル測定光学系

課題 10

発光と吸収は、どちらも色素分子の電子状態の遷移として描くことができるので、独立な物理現象ではない。したがって、それらのスペクトルにはお互いに関係がある。それぞれの色素溶液で得られた吸収と発光のスペクトルを比較し、その極大位置、形状について考察せよ。文献 [7] の第四章の配位座標モデルが参考になる。

4 反射スペクトル測定

色素分子が光を吸収する過程においては、光子の持つエネルギーと色素分子の電子状態のエネルギー差がほぼ等しかった（共鳴）。一方、透明に見える物質（たとえばガラスやエタノール）では、物質の励起状態のエネルギーが可視光のもつエネルギーよりも高いので、吸収は起きない。しかし、透明な物質が光と全く相互作用しないわけではない。たとえばガラスは空気との境界面において、ある一定の割合の光を反射させる。その割合は屈折率とよばれる光学定数で決められるが、屈折率はより基礎的な物性定数である誘電率と関係づけられる。誘電率の大きさは物質中の電子状態で決められるので、結局、反射現象においても、光と物質中の電子が相互作用しているといえる。ここでは、透明な薄膜からの反射スペクトルを測定し、光波の干渉が反射スペクトルに与える影響を考察する。以下のような反射率を測定するための光学系を組み立てる。

課題 11

試料として、カバーガラスを置き反射スペクトルを測定する。それは、課題 1 で得られたハロゲンランプのスペクトルとどこが異なっているか？

課題 12

試料として、透明なサランラップのフィルムを置き、反射スペクトルを測定する。特徴的なスペクトルが得られるはずであるが、それはなぜか考察せよ。考察が正しく行われたなら、ラップを透過するときの光学距離（厚さ × 屈折率）を決めることができるはずである。また、課題 11 で得られたカバーガラスの反射スペクトルとの関係について論ぜよ。

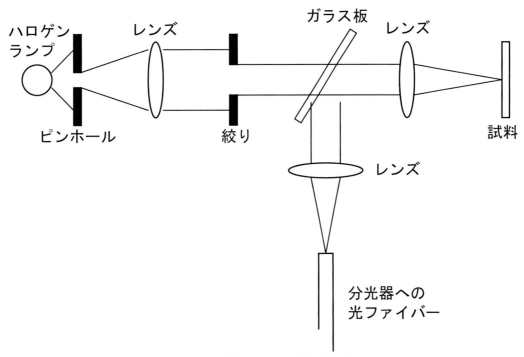

図 6.6: 反射スペクトル測定光学系

参考文献

[1] 大津 元一：光科学への招待 （朝倉書店）

[2] 桑原 五郎：実験物理学講座6　光学技術（共立出版）

[3] 鈴木 範人：日本分光学会測定法シリーズ 22 光検出器とその用い方　（学会出版センター）

[4] ファインマン：物理学 II　光・熱・波動、富山小太郎訳　（岩波書店）；

[5] 朝永 振一郎：量子力学 I　（みずず書房）

[6] 西 久夫：化学 One Point 15　色素の化学　（共立出版）

[7] 櫛田 孝司：光物性物理学　（朝倉書房）

[8] 日本化学会編：第4版実験化学講座7　分光 II　（丸善株式会社）

[9] 井上 春夫、高木 克彦、佐々木 政子、朴 鐘震：基礎化学コース　光科学 I　（丸善株式会社）

[10] 時田 澄夫：化学セミナー9　カラーケミストリー　（丸善株式会社）

[11] 櫛田 孝司：朝倉現代物理学講座8　量子光学　（朝倉書房）

[12] 霜田 光一：レーザー物理入門　（岩波書店）

第7章　物質の電気伝導と物性

　私たちの身の回りにある物質が示す様々な性質、例えば熱的、電気的、磁気的、光学的性質などを、物質を構成するミクロな粒子（分子、原子、電子、原子核等）の集合状態に基づいて解明する分野を物性物理学という。ミクロな粒子がたくさん集まってマクロな物性を示すので、ミクロな粒子を扱う量子力学的な見方と、たくさんの粒子を扱う統計力学の取り扱いが必要になる。その粒子間の相互作用を調べる事が大切になるが、特にミクロな粒子間の相互作用が本質的に重要な場合、系は凝縮状態を取るので、物性物理は凝縮系の物理とも呼ばれる。

　本実験では物性を電気伝導という観点から調べる。物質の電気伝導に注目すると、伝導の仕方により大きく次の3つに分けられる。電気をよく通す物質：**金属**、全く通さないあるいは僅かにしか通さない物質：**絶縁体**、中間的な性質を示す：**半導体**である。電気を通さない絶縁体を電気伝導の実験手段を用いて調べるのは難しいので、ここでは金属と半導体の電気抵抗の振る舞いを調べて、それらの電気伝導の仕組みについて考えてみる。[実験1、2]

　一方、粒子間の相互作用により多数の粒子が協力的にある状態から別の状態に移ることを相転移という。超伝導は金属の電気抵抗が超伝導転移温度以下で突然ゼロになる現象である。これは、伝導電子間に引力が働くことにより超伝導転移温度以下で電子が対を形成し、ボーズ粒子となった電子対の集団が凝縮状態になりエネルギーの利得を得ることで発現する。本実験では、超伝導の特徴の一つである完全導電性について実験を通して学ぶ。[実験3]

A　実験をする前に

1　電気伝導

1.1　結晶構造

　物質は一般に固体、液体、気体の三態のいずれかの状態をとる。電気伝導はどの状態でも起こりうるが、ここでは固体を対象とする。固体もさらに、結晶、アモルファス（非晶質）など、物質を構成する原子、分子の並び方で分類できるが、ここでは構成原子が規則正しく並ぶ結晶構造をとる物質の電気伝導を考える。原子の並び方は第4章の図 4.10 に例として示してあるように様々である。図は単位胞を示しているので、実際の結晶ではこの格子が上下、左右、前後に延々と続いているものを想像してほしい。単結晶はこの続きが延々と私達の目に見える大きさまで続いているわけだが、実際にどの程度続いているか実感がわかない。そこで、単純立方格子を例にして少し計算してみよう。図 4.10 の単純立方格子には1個の原子が入っている。（原子は格子の頂点にあり、隣接する単位胞と共有しているので 1/8 になる。）例えばこの単位胞の一辺が 10 cm の模型を考える。一辺が単位胞の2倍の 20 cm の立方体になれば $2^3 = 8$ 個の原子が含まれる。1モル（原子数としては 6.02×10^{23} 個）からなる格子の一辺は3乗根なので $8.44 \times 10^7 \times 10$ cm になる。つま

第 7 章 物質の電気伝導と物性

り、8440 km ということになる。地球の半径が 6500 km 程度ということを考えると、単結晶とはいかに膨大な数の原子が規則正しく並んでいるかがわかる。

1.2 バンド理論

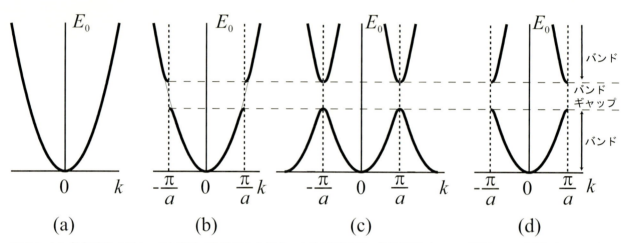

図 7.1: (a) 自由電子モデル、(b) 格子で散乱がある場合の 1 次元電子系の分散関係（バンド構造）、(c) 展開ゾーン形式でのバンド構造、(d) 還元ゾーン形式でのバンド構造

電気伝導は物質内を電子が自由に動き回るモデルから出発する。いわゆる自由電子モデルである。ここで、自由電子が動き回る範囲は非常に小さく量子力学が適用されることに注意してほしい。つまり電子には粒子性と波動性の二重性があり、運動量 p と電子の波としての波数 k との間には $p = \hbar k$ の関係がある。したがって自由電子の場合、k と運動エネルギー E_0 の間には

$$E_0 = \frac{(\hbar k)^2}{2m} \tag{7.1}$$

という関係が成り立つ。一般に波の速度や屈折率が振動数（波長）によって変化する現象を分散 (dispersion) と呼ぶが、電子の物質波としての性質から導かれる運動エネルギー E_0 と波数 k の関係式を分散関係 (dispersion relation) と呼ぶ。以後、簡単のために 1 次元の電子系モデルを考えることにする。この分散関係は横軸 k に対して図 7.1(a) に示すように放物線を描く。

実際の結晶では、動き回る電子（負電荷）を放出した原子や分子は正電荷を帯びて規則正しく並んでいるために、これらのポテンシャルによって電子は散乱を受けると考えがちである。しかし電子は波の性質を持ち、また原子は規則正しく並んでいるため以下の特別な場合を除いて自由電子と同様に振る舞う。その特別な場合とは、結晶の格子間隔 a と電子の存在確率密度の周期が同程度になる場合である。この場合、ブラッグ反射と同じことが起こり、結晶内を進む進行波と反射波の足し合わせによって原子位置に電子の存在確率密度が極大と極小を持つ 2 つの定在波ができる。この 2 つの定在波は、原子が正電荷を帯びていることを考えれば、極大をとる波のほうが極小をとる波よりエネルギーを得ることがわかるだろう。k と波長 λ には $k = 2\pi/\lambda$ の関係があるので、存在確率密度は波動関数の二乗であることを考慮すると、この特別な場合は $k = \pm\pi/a$ の周辺で起こる。したがって修正を受けた分散関係は放物線からずれ、図 7.1(b) のようになる。細い線で示した放物線が $k = \pm\pi/a$ のあたりで上下に分離し、点線で挟まれた部分に電子の状態が存在しないエネルギー領域ができる。これを禁制帯と呼ぶ。

電子はフェルミオンなので、ふたつ以上の電子が一つの状態を占めることはできない。図7.1の放物線上に占める状態は本来とびとびで存在するはずである。しかしその状態の数は伝導している電子の数だけ存在し、1モルに相当する電子があれば6.02×10^{23}個の状態があり連続と考えてもよい。したがって禁制帯以外の部分は連続に電子が存在すると考えられ、この電子が存在するそれぞれのエネルギー範囲をバンドとよぶ。禁制体の部分はバンドギャップと呼ばれる。

規則正しく原子が並んでいる効果は他にもないだろうか。電子が波動であると考えると、ある周期で振動しながら動いていることになる。例えば$\lambda = a$の波長を持って結晶中を動いている電子からみると、一回振動して移動したとき、まわりの格子の様子は全く同じになる。つまり$\lambda = a$の波長では、電子は動いていても$(k \neq 0)$止まっていても$(k = 0)$状況は全く同じということになる。そしてkの変化は$k = 0$からの変化に対応する。止まっている場合と動いている場合の波数の違いはちょうど$k = 2\pi/a$となる。このことはGだけ逆格子空間を移動しても全く同じになることを示しており、電子の運動は波数kで示される逆格子空間で$G = 2\pi/a$に対して任意性があることを示している。

したがって$k = \pm 2n\pi/a$(nは自然数)を原点として図7.1(b)を移動させた状態も同時に存在する事になる。図7.1(c)ではこの事を考慮して$k = \pm 2\pi/a$で繰り返したもので、$k = \pm \pi/a$の位置で滑らかに状態がつながっている。これを周期的ゾーン形式とよぶ。またこの図は$-\pi/a < k < \pi/a$の範囲が周期的に繰り返しているだけなので、$-\pi/a < k < \pi/a$の範囲だけを取り出せば物理的にはすべてを表現していることになる。この領域は逆格子空間の単位胞になっていてブリルアンゾーンとよぶ。図7.1(d)はブリルアンゾーンのみを表わしていて、還元ゾーン形式でのバンド構造という。伝導を考える場合はこの還元ゾーン形式を用いるのが一般的である。

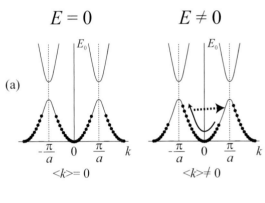

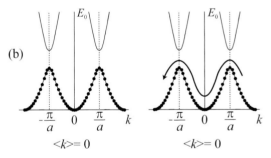

図7.2: (a) バンドの途中まで電子が埋まっている場合と、(b) バンドが完全に埋まっている場合の、電場がない場合(左図)と電場を印加した場合(右図)の電子状態

1.3 伝導の仕組み

電子はエネルギーの低いほうから状態を埋めていく。バンドを埋める電子も同様で、単位胞あたりの電子数でバンドの埋まり方が決まる。では電子のバンドの埋まり方で伝導は変るのだろうか。図7.2(a)、(b)の場合、つまり(a)バンドが途中まで埋まっている場合と(b)完全に埋まってしまった場合を考えよう。電場Eをかけると電荷$-e$をもつ電子の運動方程式は

$$\hbar \frac{dk}{dt} = -eE \tag{7.2}$$

と書ける。この式では電子は等加速度運動をする。つまり図7.2中矢印で示すように電子はk空間を移動する。バンドが途中まで埋まった場合は図に示すように電子全体が移動し、平均の運動量$\langle \hbar k \rangle$も有限の値をとる。たくさんある電子は、あるものは右へあるものは左へとばらばらに動いていると考えられるが、電場をかけることにより平均としては電場方向へ流れるようになる。これが$\langle \hbar k \rangle \neq 0$の意味である。つまりマクロに見ると電子は一方から他方へ移動しているように見え、電流が流れるわけである。

第7章　物質の電気伝導と物性

一方バンドを電子が完全に満たしている場合はどうだろうか。図 7.2(b) に見るように、電子は加速されても隣のブリルアンゾーンへ移動するだけである。この図では周期的ゾーン形式で書かれているので電子は次々と隣のゾーンへ移っていくが、反対側から別の電子が現れてくる。したがって運動量の平均はゼロのままである。還元ゾーン形式では $k = \pi/a$ を越えると反対側から現れてくるので、同様に $\langle \hbar k \rangle = 0$ となる。したがってマクロに見ると電子の移動はなく電流は流れない。図 7.2(a) の状態が電場をかけると電流が流れるので「電流を流す場合」、(b) の状態が「電流を流さない場合」である。つまり (a) が金属、(b) が絶縁体の電子状態を表す。

上のモデルを整理すると、バンドが電子で満たされていると電気伝導は起こらず、バンドが電子で不完全に満たされている場合は電流が流れるということである。この電子が埋まっているところと空いているところの境界がフェルミ面でありそのエネルギーをフェルミエネルギーという。上記のモデルでは1次元で考えているので点として現れているが、現実の3次元系ではフェルミ面は立体になる。

ではバンドが全部埋まっている場合は電流は絶対に流れないのだろうか。バンド内に電子の存在しない状態があれば電流は流れる。これまでの議論では電子は常にエネルギーの最低の状態にあるとしていた。つまり絶対零度の議論である。しかし有限温度の下では電子はエネルギーの高い状態に熱励起されることがある。また光などにより励起する事も可能である。図 7.2(b) の電子で埋められているバンドの一番上の電子が、バンドギャップを飛び越えてすぐ上の空のバンドへ励起されたら、下のバンドはもはや完全に埋まったバンドではなくなる。つまり電流が流れうるということである。この様に温度がバンドギャップに比べて充分に高い場合は図 7.2(b) の状態でも電流が流れる。この場合、電子が抜けた穴は正電荷を持つ粒子（これを正孔と呼ぶ）と見なされ、上のバンドに励起された電子と共に電気伝導に寄与する。この様にバンドギャップが比較的小さく、電流を流すことのできる物質を半導体とよぶ。電流を担う電子の数は温度とともに大きく変化するので、その電気伝導は温度に対して大きく変化する。この事については第3節で述べる。

これまでの議論は式 (7.2) から出発してきた。この式は等加速度運動を示しており、電子はこのままではどんどん速くなる。しかし現実の物質内では電気抵抗があり、つりあった状態 (定常状態) で安定した電流が流れている。では電子の加速を妨げる電気抵抗の原因は何だろうか。

最初に述べたように、電子は周期的な正電荷のポテンシャルを感じて運動している。**この周期的なポテンシャルがバンドギャップを作り、絶縁体、半導体、金属の区別を作ったわけだが、抵抗の要因にはならなかった。**つまり電子は格子の周期性ゆえに散乱されずに結晶内を自由電子のように振る舞えたのである。逆に言うと、この周期性が崩れた場所において電子は散乱を受ける。崩れ方は大きく分けて2種類ある。一つめは格子の穴、ずれ等の結晶の不完全性である格子欠陥、そして不純物原子の存在である。これらは温度などの外的要因と関係なく電子を散乱する。二つめは格子点にある正電荷の格子点からのずれであり、熱振動によって格子点からイオンが動的にずれることにより起こる。これは格子振動による散乱と考えられ、温度が高くなると大きくなる性質がある。これについては次の節で詳しく述べることにする。

散乱された電子は電子の取りうる別の状態へ移る。上記のような散乱は弾性散乱と考えられるので、$|k|$ の近いところ、つまり図 7.2(a) で点線の矢印が示すように原点をはさんで反対側の空いている部分への散乱が大きく、これが電子の減速に大きく寄与する。これらの定量的な取り扱いは次節に譲る。**ここで大切なことは、格子の周期性の乱れによって散乱が起り、電子の加速が制限され定常状態になるということである。この散乱が電気抵抗の原因である。**

94

A. 実験をする前に

2 金属

2.1 電気伝導と電気抵抗

第1節で見てきたように、物質中の電子は規則正しく並んだ正電荷による周期的なポテンシャルを感じながら運動し、エネルギーバンドを形成する。金属では部分的に占有された伝導帯内のフェルミエネルギー付近に存在する電子が、結晶中を運動する伝導電子となり電気を運ぶ。

結晶を構成する原子が規則正しく並んでいる場合、その周期的ポテンシャルは電子の散乱の原因とはならず、その影響は伝導電子の有効質量 m^* にあらわれる。その結果伝導電子は有効質量 m^* を持った自由電子として振る舞う。この時運動量は $p = m^*v$ と書ける。上に述べたように、金属導体に電場を加えると、電子は電場からクーロン力 $-eE$ を受けると共に不純物や格子振動によって散乱を受ける。この効果を速度に比例した抵抗力 $-\frac{m^*}{\tau}v$ を受けて運動すると考えると、式 (7.2) は以下のように書き換えられる。

$$m^*\frac{dv}{dt} = -eE - \frac{m^*}{\tau}v \tag{7.3}$$

定常状態（$dv/dt = 0$）では電場による力と抵抗力がつりあい、電子の速度 $v(\mathrm{m/s})$ は電場 $E(\mathrm{V/m})$ に比例した一定の平均速度 $\bar{v}$ を持つ。

$$\bar{v} = \frac{-e\tau}{m^*}E \tag{7.4}$$

$$= -\mu E \tag{7.5}$$

ここで、

$$\mu = \frac{e\tau}{m^*} \tag{7.6}$$

は物質中の電子の動きやすさをあらわし、移動度（mobility）（古い参考書では易動度と書かれていることもある）と呼ばれる。式 (7.5) より、単位体積当たりの電子の数を $n(\mathrm{m^{-3}})$、電子の電荷を $-e$、導体の断面積を $S(\mathrm{m^2})$ とすると、導体を流れる電流 $I(\mathrm{A})$ は電子の流れとは逆向きに

$$I = ne\bar{v}S \tag{7.7}$$

の大きさで流れる。このとき導体の両端に生じる電圧 $V(\mathrm{V})$ は、導体の長さを $\ell(\mathrm{m})$ とすると、

$$V = E \cdot \ell = \frac{1}{ne\mu} \cdot \frac{\ell}{S} \cdot I \tag{7.8}$$

$$= R \cdot I \tag{7.9}$$

すなわちオームの法則が得られる。ここで

$$R = \rho \cdot \frac{\ell}{S} \tag{7.10}$$

$$\rho = \frac{1}{ne\mu} \tag{7.11}$$

で与えられる比例係数 ρ は電気抵抗率と呼ばれ、物質の形状によらない値となる。

またその逆数、

$$\sigma = \frac{1}{\rho} = ne\mu \tag{7.12}$$

は電気伝導度と呼ばれ電気の流れやすさを示す。**このように物質の電気抵抗率や電気伝導度は、電気を運ぶキャリア (carrier) の数 n と、移動度 μ の積で決まる。**金属ではキャリア数 n は非常に大きく（銅の場合

第7章 物質の電気伝導と物性

20 ℃で8.5×10^{28} m^{-3})、ほとんど温度に依存しない。しかし移動度は温度が高くなると格子振動による散乱が激しくなるので大きく減少する。したがって金属の電気抵抗の温度依存性では移動度の温度変化が支配的になる。一方次節で見る半導体の場合にはキャリアの数が温度が高くなると共に大きく増大する。

図7.3に一般的な金属の電気抵抗率の温度変化を示す。高温における単純な金属の電気抵抗は伝導電子が熱的に励起されたフォノン（格子振動）によって散乱される確率に比例する。その確率は高温では温度に比例するので電気抵抗率も温度に比例することになる。(電子の散乱確率が本当に温度に比例するのかどうか、文献などで確かめレポートに記すこと。)

純金属における電気抵抗率はグリューナイゼン (Grüneisen) によって次のような半経験的な式で与えられている。

$$\rho_{\mathrm{ph}} = aTG\left(\frac{\Theta}{T}\right) \quad (7.13)$$
$$G(x) = \frac{1}{x^4}\int_0^x \frac{y^5}{(e^y-1)(1-e^{-y})}dy$$

(aは物質によって決まる定数、Θはデバイ温度でたとえば$\Theta_{銅}$=343 K。) この式は高温極限 ($T \gg \Theta$) で$\rho_{\mathrm{ph}} \propto T$, 低温極限 ($T \ll \Theta$) では $\rho_{\mathrm{ph}} \propto T^5$ となるように作られている。このグリューナイゼンの式は多

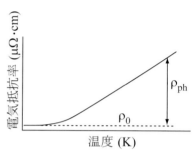

図 7.3: 金属の電気抵抗

くの純金属において抵抗率の温度変化をよく説明することが知られている。さらに低温で格子振動による散乱が無視できるような温度領域では、金属中の不純物原子や格子欠陥による伝導電子の散乱が相対的に大きくなり、抵抗率はこれらの濃度で決まる残留抵抗 ρ_0 と呼ばれる一定の値を示す。したがって純金属の抵抗率は残留抵抗と式 (7.13) の和

$$\rho = \rho_0 + \rho_{\mathrm{ph}} \quad (7.14)$$

で表されることになる。これをマチーセン (Matthiessen) の法則という。金属内の不純物や格子欠陥が少ないと残留抵抗は小さくなるので、室温における抵抗値 ρ_{RT} と残留抵抗 ρ_0 との比 $\rho_{\mathrm{RT}}/\rho_0$ は金属試料の純良度の目安となる。

3 半導体

3.1 電気伝導度

半導体は、その名前が示すように電気伝導度が金属と絶縁体の中間程度の物質であるが、不純物を添加したり電場・電流・光などの外的条件の変化によってその電気伝導度が大きく変化するという重要な性質がある。このような半導体の性質を利用して、現代社会を支えるトランジスター、IC、半導体レーザーなどの様々な電気的・光学的素子が作られている。金属の場合と同様に半導体中の電子や正孔は有効質量 m^* をもった粒子と見なすことができ、電気伝導はこれらの粒子の輸送現象として記述される。第2節との違いは正孔を考慮する必要がある点である。

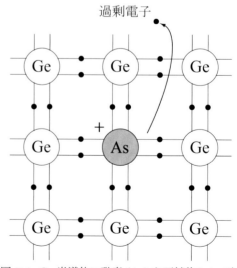

図 7.4: Ge半導体に砒素 (As) を不純物として加えたときのn型半導体

A. 実験をする前に

3.2 真性半導体の電気伝導

絶対零度における理想的な半導体 (真性半導体) では、自由電子が存在しないため絶縁体と同様に電流は流れない。温度を上げていくと、熱エネルギーにより価電子帯 (充満帯) から伝導帯へ電子が励起され電気伝導に寄与する。一方価電子帯に残された励起電子の抜けたホールはあたかも正の電荷をもった粒子のように振舞い正孔と呼ばれる。これもまた電気伝導に寄与する。真性半導体では伝導帯の電子の数 n と価電子帯の正孔の数 p とは等しい。電子、正孔の移動度をそれぞれ μ_{e}、μ_{h} とすると、真性半導体の電気伝導度 σ は、

$$\sigma = ne\mu_{\mathrm{e}} + pe\mu_{\mathrm{h}} = ne\,(\mu_{\mathrm{e}} + \mu_{\mathrm{h}}), \tag{7.15}$$

となる。第 1 節に簡単にふれたように、金属とは異なり真性半導体のキャリア数は温度に大きく依存する。

有限温度 T の下では電子はフェルミ–ディラック (Fermi-Dirac) 分布にしたがう。電子、正孔の有効質量をそれぞれ m_{e}^*、m_{h}^*、価電子帯–伝導帯間のバンドギャップを E_{g} とすると、キャリア数 n は、

$$\begin{aligned}
n &= 2\left(\frac{k_{\mathrm{B}}T}{2\pi\hbar^2}\right)^{\frac{3}{2}} (m_{\mathrm{e}}^* m_{\mathrm{h}}^*)^{\frac{3}{4}} \exp\left(-\frac{E_{\mathrm{g}}}{2k_{\mathrm{B}}T}\right) \\
&= CT^{\frac{3}{2}} \exp\left(-\frac{E_{\mathrm{g}}}{2k_{\mathrm{B}}T}\right),
\end{aligned} \tag{7.16}$$

となり、したがって電気伝導度は、

$$\sigma = \sigma_0 \exp\left(-\frac{E_{\mathrm{g}}}{2k_{\mathrm{B}}T}\right), \tag{7.17}$$

となる。ただし $\sigma_0 = e\,(\mu_{\mathrm{e}} + \mu_{\mathrm{h}})\,CT^{3/2}$ である。もし σ_0 の温度変化が小さければ上式の両辺の対数をとることにより、

$$\log \sigma = \log \sigma_0 - \frac{E_{\mathrm{g}}}{2k_{\mathrm{B}}T}, \tag{7.18}$$

となる。すなわち縦軸 $\log \sigma$ と横軸 $1/T$ で書いたグラフは直線になりその傾きから E_{g} が求まる。

3.3 不純物半導体の電気伝導

純粋な半導体に意図的に特定の不純物を混入し、その電気伝導の性質を制御できる。これを不純物半導体という。純粋な Si や Ge など 4 価の元素の半導体結晶に砒素 (As) のような 5 価の元素を不純物として僅かに加えた (ドープした) 場合を考える。ドープした As は図 7.4 のように Ge 原子と置き換わり、As の 5 個の価電子のうち 4 個は周囲の Ge との共有結合の形成に使われるが、余った 1 個の電子は結合せず As⁺ イオンに弱く束縛される。この系を比誘電率 ϵ の媒質中において有効質量 m^* の電子を持つ水素原子と見なすと、その電子の束縛エネルギー E_{D} は、

$$E_{\mathrm{D}} = 13.6\,\frac{m^*}{m_0}\frac{1}{\epsilon^2} \quad (\mathrm{eV}), \tag{7.19}$$

となる。ここで m_0 は自由電子の質量である。

Ge では $\epsilon = 16$, $m^* \sim 0.2m_0$ であるので $E_{\mathrm{D}} \sim 0.01$ eV となり、図 7.5 のように伝導帯より僅かに低いエネルギー準位 (ドナー準位) をもつ。温度を上げると図 7.5 のドナー準位にある電子は容易に伝導帯に励起され電気伝導に寄与する。このように電流の担い手「キャリア」が負の電荷をもった電子である半導体を n 型半導体といい、As のように電子を供給する不純物をドナーという。また同様に 3 価の不純物元素は他から電子を受け入れ正孔を作るのでアクセプターと呼ばれ、キャリアが正孔である半導体を p 型半導体という。

次に不純物半導体の伝導の温度依存性について n 型半導体を例にとって考えてみる。十分低い温度では電子はドナー準位から励起され、その濃度 n は $\exp(-E_{\mathrm{D}}/2k_{\mathrm{B}}T)$ に比例する (図 7.6 の ①)。温度を上げてい

第7章 物質の電気伝導と物性

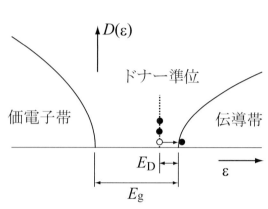

図 7.5: n 型半導体の状態密度

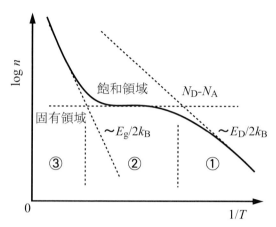

図 7.6: 不純物半導体のキャリア数の温度依存性

くとやがてドナーはほとんどイオン化されて、n はほぼ一定になる。この温度領域を飽和領域という (図 7.6 の ②)。さらに温度を上昇させていくと、価電子帯 (充満帯) から伝導帯への電子の励起が支配的になる。この場合には前項で示した真性半導体の特徴を示す。この領域を固有領域と呼び (図 7.6 の ③)、Ge の場合では室温以上の温度領域である。

3.4 半導体中のキャリアの移動度 μ の温度変化

式 (7.6) より、キャリアの移動度は平均緩和時間 τ に比例する。また $1/\tau$ はキャリアの移動をじゃまする物体の半径の 2 乗およびキャリアの速度 v に比例する。格子の原子が絶えず熱振動していることを考慮し、じゃまする物体の半径として熱振動の振幅平均 x をとると、

$$\frac{1}{\mu} \propto vx^2, \tag{7.20}$$

となる。ある温度以上では x^2 は T に比例する。また半導体中のキャリアはほぼボルツマン分布をしていると見なせるので、その平均運動エネルギーは $k_B T$ 程度になり、v は $T^{1/2}$ に比例する。したがって半導体の μ の温度変化はある温度以上では、

$$\mu \propto T^{-\frac{3}{2}}, \tag{7.21}$$

となる。Ge の場合、液体窒素温度以上ではほぼ上式にしたがう。

4 超伝導

4.1 超伝導研究の歴史

1908 年、ヘリウムガスの液化に成功したカマリング・オネス (H. Kamerlingh Onnes) は液体ヘリウムを使って金属の電気抵抗が低温でどのように温度変化するか調べる実験を行った。液体ヘリウムは常圧で 4.2 K の低温の液体で、それを減圧排気することでより低温を生成することが可能である。オネスは水銀の電気抵抗を測定し、超伝導を世界で初めて発見した。それ以後、数々の元素、化合物や合金で超伝導が発見され、今日なお盛んに研究が進められている。しかし通常の金属の超伝導転移温度は低く、超伝導を工業的に応用する場合のネックになっている。表 7.1 にいくつかの物質の超伝導転移温度を示す。

表 7.1 の下の 3 物質は 1980 年代に発見された物質群で、それまでの常識を覆す高温で超伝導転移を示す物質として注目され「銅酸化物高温超伝導体」とよばれている。

4.2 超伝導体の性質

電気伝導度がある臨界温度 T_c 以下で無限大、すなわち抵抗がゼロになる「完全導電性」は超伝導状態を特徴づける基本的事実の一つである。しかし磁場が存在するとき T_c の値は変わってくる。また一定の温度で、それぞれの超伝導体に固有の値以上の磁場を印加すると超伝導状態が壊れて常伝導状態に遷移する。この値を臨界磁場 (critical field) H_c と呼ぶが、図 7.7 に示すように温度の関数で $H_c - T$ 曲線の下の部分が超伝導状態、上の部分が常伝導状態である。

表 7.1: いろいろな物質の超伝導転移温度

物質	転移温度 (K)
Al	1.14
Sn	3.72
Hg	4.15
Pb	7.19
NbTi	9.3
Nb_3Sn	18.3
MgB_2	∼40
$La_{2-x}CuO_4$	∼30
$YBa_2Cu_3O_{7-x}$	∼90
$Bi_2Sr_2Ca_2Cu_3O_{10-x}$	∼110

完全導電性とならんで超伝導体を特徴づける磁気的性質に「完全反磁性」がある。これはマイスナー（Meissner）によって見いだされたものでマイスナー効果とも呼ばれ、図 7.8 に示されるように試料が磁場中で超伝導転移温度 T_c を通って冷やされると、最初試料中にあった磁束は試料外に押し出され、内部では $B = 0$ となる。すなわち完全反磁性を示す。このため超伝導体の占めている空間を満たしていた磁気的エネルギー（単位体積あたり $H^2/8\pi$）だけ超伝導状態のエネルギーは増大する。この磁気的エネルギーが超伝導 – 常伝導状態間のエネルギー差に等しくなると、超伝導状態

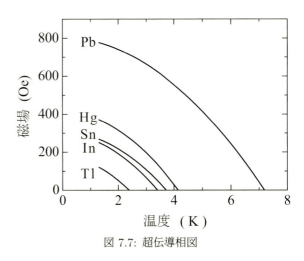

図 7.7: 超伝導相図

は不安定になり常伝導状態に遷移する。この遷移磁場が H_c である。上記の説明で予想されるようにマイスナー効果は完全導電性のみからでは説明できない現象であり、超伝導状態を特徴づける重要な性質であることがわかる。

さらにもう少し詳しく超伝導体の磁化曲線を見ると、図 7.9 に示すように超伝導体は二種類に大別される。すなわち図 7.9(a) のように、$H = H_c$ で不連続的に磁化が常伝導状態の磁化 ($M_n \simeq 0$) に遷移する第一種超伝導体と図 7.9(b) のように、$H_{c1} < H$ から $-4\pi M = H$ の関係からずれ、H_{c1} と H_{c2} の間では連続的に磁化が増大し、H_{c2} で常伝導状態の磁化 ($M_n \simeq 0$) を与える第二種超伝導体がある。第二種超伝導体の H_{c1} と H_{c2} の間の領域を混合状態 (mixed state)、または渦糸状態 (vortex state) といい、磁束が単位磁束量子 ($\phi = hc/2e = 2.07 \times 10^{-7}$ gauss·cm^2) の大きさをもつ磁束線の形で試料中に一様に侵入している。

第7章 物質の電気伝導と物性

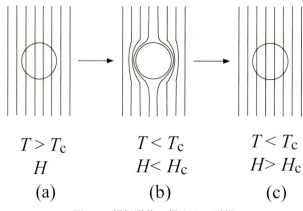

図 7.8: 超伝導体に侵入する磁場

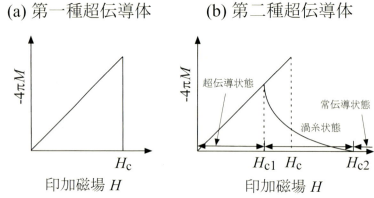

図 7.9: (a) 第一種超伝導体と (b) 第二種超伝導体の磁化曲線

B 実験

1 測定原理と装置

1.1 測定原理：四端子法による電気抵抗測定

金属の電気抵抗は一般に非常に小さい。テスターのような二端子の抵抗測定では、導線の抵抗や端子の接触抵抗も測定することになるので、測定試料の抵抗を正確に測定することはできない。そこで金属の電気抵抗の測定は直流四端子法でおこなう。図 7.10 に直流四端子法による試料への接続の様子を示す。直流四端子法では外側の電流端子に一定電流を流し、内側の電圧端子の電圧を読み取る。高感度なデジタル電圧計の内部抵抗は一般に数 $M\Omega$〜数 $G\Omega$ もあるので、実質的には電圧計のラインには電流が流れない。そのため電圧計のラインの導線や、試料と導線の接続部分の接触抵抗の影響を無視することができ

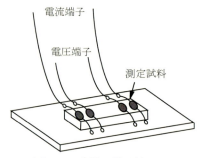

図 7.10: 直流四端子法

る。ただしこのままでは温度分布のために電圧計の回路に発生する熱起電力も測定してしまう。そこでこの熱起電力を打ち消すため、電流の向きを反転させる。正方向に電流 I を流した時、試料の抵抗を R とし熱

起電力を V_T とすると、測定電圧 V_+ は

$$V_+ = IR + V_T \tag{7.22}$$

また電流を反転しても熱起電力の向きは変わらないので

$$V_- = -IR + V_T \tag{7.23}$$

したがって、V_+ から V_- を引いて $2I$ で割ると試料の抵抗が得られる。

$$R = \frac{V_+ - V_-}{2I} \tag{7.24}$$

温度測定には白金 (Pt) 抵抗温度計を用い、白金の抵抗値を測定して温度に換算する。温度測定は電流反転の前後で行ない平均をとる。したがって電流の反転の前後での温度変化が十分小さいことが重要である。

1.2 実験装置

本実験で使用する装置は、図 7.11 に示すように、定電流電源、デジボル (デジタル電圧計) 3 台、クライオスタット、デュワー瓶、スライダック、計測用コンピュータである。それぞれの使用法を以下に示す。

定電流電源:
　試料に直流定電流を流すための電源。電流値の設定、電流反転はパネルにあるスイッチで行う。

デジボル 1:
　試料に流した電流により電圧端子間に発生した電圧 (四端子法による電圧) を測定するための電圧計として用いる。

デジボル 2:
　本実験では温度計として白金抵抗温度計を用いる。この抵抗温度計の抵抗は試料と同様に四端子法により測定するので、デジボルの電流端子と電圧端子の両方に配線され、測定モードは 4WΩ（四端子抵抗測定モード）で用いる。

デジボル 3:
　デジボル 1 で測定する四端子法による電圧と比較するため、定電流電源の両端に発生する電圧を測定する。

クライオスタット:
　液体窒素などを用いて行う低温の実験装置。後述するように試料の温度を調節できるような構造をもつ。

スライダック:
　室温以上の温度における測定を行う際にクライオスタット内部に取り付けられたヒーターに流す電流を調節する。スライダックの電圧を上げても装置の比熱が大きいため試料の温度はすぐには上昇しない。温度の上昇をモニターしながら徐々に電圧を上げていくこと。またスライダックの電圧はヒーターが焼き切れないように 40 V 以上に設定しないこと。

計測用コンピュータ:
　測定したデータを整理しグラフを作成するために用いる。また白金抵抗温度計の抵抗から温度に換算する簡単なプログラムが準備されている。

第7章　物質の電気伝導と物性

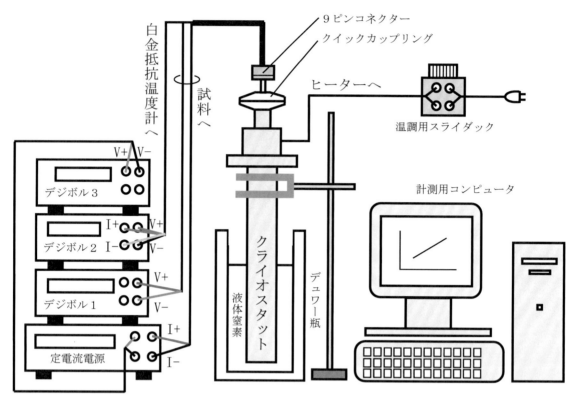

図 7.11: 電気抵抗の測定装置ブロック図

　クライオスタットは図 7.12 に示すような2重管式の構造を持ち、真空断熱層と試料室はともに真空が保つような気密構造となっている。試料室には熱交換ガスとしてヘリウムガスを室温で1気圧導入し、真空断熱層は真空あるいはヘリウムガスを希薄に導入して用いる。これは測定にある程度の時間を要するため試料の温度はゆっくり変化させる必要があり、魔法瓶と同じ構造とすることで外部との熱のやりとりを抑えるためである。ロータリーポンプを用いての真空引きやヘリウムガスの導入は、真空断熱層と試料室に独立につなげられているバルブ付き配管から行う。

　液体窒素を用いて冷却していく過程で試料温度の下がる速度が遅くなってきた場合、熱交換効率を増すために真空断熱層に適宜ヘリウムガスを少しずつ導入するが、最低温度ではほぼ1気圧のガスが真空断熱層に存在する。窒素温度で1気圧で封入されたガスがそのまま室温まで上昇すると、真空断熱層内の圧力は非常に高くなり、装置の破損を招く場合があり危険である。したがって、実験が終了したら必ず真空断熱層と試料室内のヘリウムガスをロータリーポンプで排気し、真空の状態で自然昇温すること。なお、クライオスタットには万一排気を忘れた場合でも危険がないように安全弁が取り付けられている。また室温以上の温度で実験する場合は、試料室の管の外側に取り付けられたヒーターにスライダックで調整された電流を流すことで試料を昇温する。なおスライダックの電圧を上げてもしばらく時間をおかないと試料の温度はなかなか変化しない。これはヒーターで暖められる部分の比熱が大きく、また試料に熱が伝わるのに時間がかかるためで、試料の温度変化の様子を観察しながらスライダックの電圧を少しずつあげていくように注意すること。むやみに電圧を上げるとヒーターが焼き切れてしまう。スライダックの電圧の上限は 40 V とすること。

　図 7.13 は試料室に挿入されるプローブの概略図とプローブの先に取り付けられた試料ステージの写真である。試料ステージは温度の均一性を増すために熱伝導性の良い銅で作られており、ワニスで貼り付けられ

B. 実験

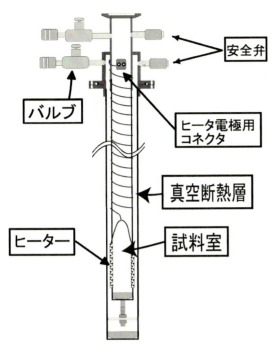

図 7.12: クライオスタット

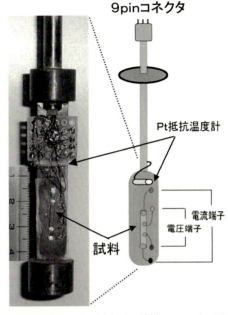

図 7.13: プローブの概略図と試料ステージの写真

た薄い絶縁シートの上に試料がワニスで固定されている。図 7.10 に対応するように、試料には 4 つの端子がハンダ（または導電性の銀ペーストなど）で接続されている。また試料近傍には、温度測定用の白金抵抗温度計がワニスで固定されている。なお白金抵抗温度計にも四端子接続されており、前述のようにデジボル 2 の 4WΩ モードで抵抗を測定する。これらの端子からのリード線はプローブ上部に取り付けられている 9 ピンコネクターに接続されている。

2　実験1（金属）

2.1　目的

金属（銅）の電気抵抗の温度依存性を調べ、それらの特徴および原因について理解を深めるとともに電気抵抗測定法を学ぶ。

2.2　測定方法

測定に入る前に、どのように電気抵抗を測定するかを話し合い、測定原理をよく理解すること。また、実験では液体窒素や真空ポンプを使用するので、安全な取り扱いの注意をよく聞き、事故防止に気を配ること。

1) 測定する試料（銅）が取り付けられたプローブを用意する。実験ノートに試料の形状（断面積、電圧端子間の長さ）を記録する。

2) プローブを加熱・冷却が可能なクライオスタットにセットする。このとき、センターリングを入れてクランプで閉めるのを忘れないこと。クライオスタットの真空断熱層と試料室の空気を真空ポンプで排気した後、試料室にのみヘリウムガスを導入する。

3) プローブの 9 ピンコネクターに測定装置からのコネクタを接続し、測定装置の電源を入れる。電流源の

第7章 物質の電気伝導と物性

ソース出力を定電流モード (mA) にする。電圧計のレンジはオート (Auto) に、また温度測定用デジボルの測定モードは 4WΩ にする。

まず、オームの法則が成り立っているかどうかを室温において確かめる。電流を −10 mA から +10 mA まで 2 mA ごとに変化させ、そのときの電圧（デジボル 1, デジボル 3 の値）をノートに記録するとともにグラフに表す。($I-V$ 特性) また、電圧値から室温における電気抵抗率を求める。

4) 測定用コンピュータの電源を入れ、ヒータ用スライダックの一次側プラグをコンセントに差し込み、測定プログラムを立ち上げる。プログラムに表示される温度が適切であるか、また 3) で求めた電気抵抗率が妥当な値であるかを確認する。

5) ヒータ用スライダックの電圧を徐々にあげていき、約 400 K までの電気抵抗率の温度変化を測定する。このときの測定電流は 10 mA、測定の温度間隔は約 10 K とすること。

6) 次に、デュワーに液体窒素を半分ほど注ぎ冷却を始める。この時、温度が急激に変わらないように気をつけながら測定を行う。

7) 温度の下がり具合が悪くなったら、真空断熱層に少しずつヘリウムガスを導入するとともにデュワーに液体窒素を注ぎ足してやる。

8) 約 80 K まで温度が下がりほとんど温度変化しなくなったら、その温度で 3) と同様に $I-V$ 特性を測定する。

9) 測定終了後、クライオスタットを液体窒素デュワーから引き抜くとともに、残った液体窒素を処分する。その後，試料室と真空断熱層のヘリウムガスを真空ポンプで排気し真空にする。

10) 室温と最低温度での $I-V$ 特性、電気抵抗率の温度依存性のグラフを作成する。

|注意| 低温のクライオスタット内にガスを残したままにしておくと、クライオスタット内の温度が上昇した時に、内圧が高くなり危険である。実験終了後は必ずクライオスタット内を真空にする。

温度計について

以上の実験で分かるように適当な温度範囲で金属の電気抵抗は温度とともに単調に増加する。この性質を用いて、金属の抵抗を測定することにより温度を知ることができる。本実験で用いている温度計は「白金抵抗温度計」で、抵抗体として白金の細線を用いている。あらかじめ温度と抵抗値の関係を調べて換算表を作っておくことにより、測定した抵抗値から直ちに温度に換算できる。白金は酸化の心配がないなど化学的に強く、長期間安定であるので室温から 30 K 程度までの温度計として用いられている。この他、電気抵抗の温度依存性を用いた温度計には様々なものがあり、温度範囲や用途により金属や半導体が用いられている。また、抵抗温度計の他にも「熱電対」をはじめとする様々な温度計がある。

B. 実験

3 実験2（半導体）

3.1 目的

本実験では、最も典型的な半導体の一つであるゲルマニウム (Ge) を母体とした不純物半導体において電気伝導度の温度変化を測定し、その性質を物理的に理解する。

3.2 測定方法

電気伝導度の温度変化が、(1) キャリア濃度の温度変化で説明される「固有領域」、(2) キャリア濃度が一定で、移動度の温度変化により説明される「飽和領域」を実際に実験で確かめるため、Ge 不純物半導体の電気抵抗の温度変化を 400 K から液体窒素温度 (77 K) までの温度領域で測定するとともに、Ge のバンドギャップ E_{g} およびキャリアの移動度 μ の温度依存性を調べる。

Ge 不純物半導体の棒状試料がセットされたプローブを、クライオスタットに入れる。実験1と同様の手順で準備を行い、室温での I – V 特性を測定した後、スライダックでヒーターに流す電流量を調節しながらゆっくり試料の温度を室温から 400 K まで上げながら、試料の温度と抵抗を測定する。温度変化を測定する際の電流値は 1.0 mA とする．I – V 特性ならびに温度変化の測定は，二端子（デジボル3）と四端子（デジボル1）の両方を測定すること．

次に、デュワーに液体窒素を注ぎ、ゆっくり温度を下げながら試料の温度及び抵抗を測定する。液体窒素温度付近まで温度が下がると温度変化が非常にゆっくりとなるので、真空断熱層にヘリウムガスを少し入れるとよい。

試料の温度が液体窒素温度付近 (~80 K) まで下がれば、最低温度で I – V 特性を測定する。定電流電源には、出力端に過大な電圧がかかることを避けるため、リミッター（電圧制限値）を設定してある。出力端の電圧がこの値を超えると、表示上は電流を増やしても、実際には電流はそれ以上増加しなくなる。（デジタル表示の端にあるリミッターの表示が点灯する。）最低温度の I – V 特性の場合、室温と同じように測定すると、電流をゼロから正あるいは負方向に増加させるとすぐに電圧は一定値になり変化しなくなってしまう。これは、ショットキーバリヤの影響で、電流端子の、試料と導線間の接触抵抗が非常に大きくなったため、出力端にかかる電圧が大きくなりリミッターが働いているためである。そこで最低温度では、電圧が一定になるまでの変化を追うため、電流を細かく（例えば 0.2 mA ごと）変化させ電圧を測定する。

第7章

105

第7章 物質の電気伝導と物性

単位について

物性物理ではホール係数 R_H、移動度 μ、抵抗率 ρ などは、一般的には MKSA 単位系とは少し異なる次のような実用単位で表すことが多い： R_H [cm^3/C], μ [cm^2/V·sec], ρ [Ω·cm]。

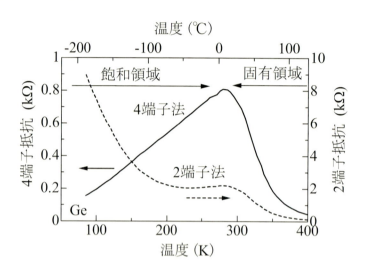

電極におけるショットキーバリア

半導体に金属の電極をつけると、通常は電極部分の接触抵抗が高く、その抵抗が電流の向きにより大きく変化する場合がある。これは、金属と半導体の接合部分にショットキーバリアと呼ばれるエネルギー障壁が現れるためである。金属・半導体の種類や、半導体のキャリアが電子か正孔かによって、ショットキーバリアの大きさは様々である。電気伝導を測定するための電極としては、ショットキーバリアの影響ができるだけ小さな金属・半導体の組み合わせを用いることが必要である。通常、半導体試料に良好な電極を作製する際には、半導体表面の変質層を注意深く取り除き、電極金属を半導体内部に拡散させるなど、ノウハウと手間のかかる手順が必要である。

本実験では Ge 不純物半導体にインジウムを超音波半田こてで試料表面に付着させただけの電極としている。このような場合、電極－半導体間にショットキーバリアがあるため、試料を低温にすると、熱励起によってキャリアがショットキーバリアを超えて電極との間を伝導する割合が減り電極での抵抗が急激に増大する。このような電極を用いた二端子法による測定では、図のように低温では電極の抵抗が支配的となり、半導体固有の電気伝導は測定できない。

4 実験3（超伝導体）

4.1 目的

超伝導の基本的性質である完全導電性を電気抵抗測定により確認し、超伝導に対する理解を深める。

4.2 電気抵抗測定による高温超伝導体の完全導電性の確認

高温超伝導体の試料がセットされたプローブをクライオスタットに挿入し、測定のための配線を行う。この実験では試料の電気抵抗を室温から約 77 K 間での温度範囲で行う。配線が終わったら室温で $I-V$ 特性を測定し抵抗率を計算する。室温での測定で異常（断線や試料の劣化など）がなければ真空断熱層と試料室の排気口をポンプにつなぎ真空に引き、バルブを閉じる。試料室にはヘリウムガスを 1 気圧まで導入する。デュワーに液体窒素を少しずつ注ぎ、ゆっくりと試料の温度を下げながら測定を行う。試料が超伝導状態に遷移すれば $\rho = 0$ となるので、試料に電流を流し反転させても電圧計の値は変化しない。図 7.14 のような結果が得られればこれから超伝導転移温度 T_c を決定することができる。

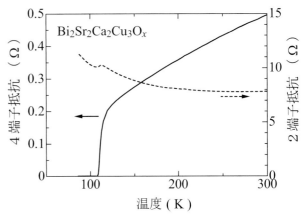

図 7.14: 高温超伝導体 $Ba_2Sr_2Ca_2Cu_3O_x$ の抵抗率の温度変化の例

本実験で用いる試料の超伝導転移温度 T_c は 90~95 K である。超伝導転移温度付近の抵抗の温度変化は非常に急激であるため、高温測定の温度間隔 $\Delta T \sim 10$ K で測定していると一点で抵抗ゼロになってしまい、正確な転移温度を決定できないし、転移温度付近の抵抗の詳細な振る舞いが観測できない。転移温度 T_c 付近を精密に測定するため、温度が 100 K 以下の温度領域では温度間隔を小さくして（例えば $\Delta T = 1$ K)測定する。

第 7 章　物質の電気伝導と物性

超伝導体による磁気浮上

図 7.8 で説明したように、超伝導状態ではマイスナー効果により、超伝導体から磁束が外に押し出される。このため磁石と超伝導体を近づけると互いに反発しあう。上の写真は、高温超伝導体 $YBa_2Cu_3O_{7-x}$(YBCO) の上にネオマックス (ネオジム (Nd)、鉄 (Fe) およびボロン (B) を主成分とする高性能永久磁石) の薄板磁石が浮いている様子である。磁石を押さえつけて超伝導体に近づけると、かなり大きな反発力を感じる。この場合の磁気浮上はマイスナー効果のほか、超伝導体の磁束の**ピン止め効果**も寄与している。磁石が (傾いても) 安定して浮いているのは第 2 種超伝導体である YBCO の内部に磁束の一部が侵入し、その磁束が超伝導体内の常伝導析出部などにピン止めされるためである。

課題 1

一次元電子が、$V(x) = 2V_0 \cos(\frac{2\pi}{a}x)$ の周期ポテンシャル中を運動するとき、ブリルアンゾーン付近の電子はブラッグ反射をうけて自由電子の分散関係からずれることを示せ。またそのとき、第一ブリルアンゾーンにできるバンドギャップの大きさを V_0 を用いて示せ。

課題 2

金属試料の銅の測定結果をグラフに表し、電気抵抗率 ρ が高温で温度 T に比例することを確認する。この温度領域では、なぜ ρ が T に比例するのかを説明せよ。また、式 (7.11) と $n=8.5\times 10^{28}$ m^{-3}、$e = 1.6 \times 10^{-19}$ C を用いて 100 K、200 K、300 K の移動度 μ を求めよ。電子の平均の速さを $v = 1.6 \times 10^6$ m/s とすると、平均自由行程は $\tau \times v$ で求まる。各温度での平均自由行程を求めよ。ここで求められる平均自由行程はどういう物理的な意味を持つのか、定量的な議論も含め考察せよ。

課題 3

式 (7.16) を導出せよ。

B. 実験

課題 4

Ge 不純物半導体の測定結果をグラフに表せ。Ge 不純物半導体の場合、室温以上の温度領域はほぼ図 7.6 の固有領域に入るので、不純物の影響は相対的に小さい。$\log R$ 対 $1/T$ のプロットからバンドギャップ E_g (eV) を求めよ。

課題 5

Ge 不純物半導体の場合、77 K から 250 K 付近までは図 7.6 の飽和領域に入るので、キャリア濃度はほぼ一定と見なしてよい。従って抵抗の変化はキャリアの移動度の温度変化が支配的であるとして $\log R$ 対 $\log T$ のプロットからキャリアの移動度 μ が T^a に比例するとしたときのべき指数 a を求めよ。

課題 6

特に室温以下の温度領域の電気抵抗測定（本実験で用いたような微小試料を想定する）において、測定時の適切な電流値の決定法について述べよ。半導体の実験では、電流値を他の測定の $1/10$ の 1.0 mA で行ったが、なぜこの値を用いたのか説明せよ。

課題 7

金属および半導体の実験で、二端子抵抗 R_2（デジボル 3 の値から計算した抵抗値）と四端子抵抗 R_4（デジボル 1 の値から計算した抵抗値）の温度変化を比較し、その違いについて考察せよ．特に半導体の実験ではそれらの定性的な振る舞いまでも著しく異なるが、その理由を考察せよ。

課題 8

ショットキーバリヤとは何か。どのような場合に、なぜショットキーバリヤができるのかを述べよ。

課題 9

完全導電性のみからではマイスナー効果を説明できないことを示せ。

課題 10

超伝導が応用されている実例を挙げ、なぜ超伝導が用いられているのかなどの理由（利点）を述べよ。また、自分ならこんなものを作ってみたいとか、こんなことに応用してみたいなど、夢の超伝導応用について自由に述べよ。

第7章 物質の電気伝導と物性

C 付録

1 白金抵抗素子の抵抗-温度特性

温度 (°C)	−100	0	温度 (°C)	0	100
0	59.57	100	0	100	139.16
−10	55.44	96.02	10	103.97	143.01
−20	51.29	92.02	20	107.93	146.85
−30	47.11	88.01	30	111.88	150.67
−40	42.91	83.99	40	115.81	154.49
−50	38.68	79.96	50	119.73	158.29
−60	34.42	75.91	60	123.64	162.08
−70	30.12	71.85	70	127.54	165.86
−80	25.8	67.77	80	131.42	169.63
−90	21.46	63.68	90	135.3	173.38
−100	17.14	59.57	100	139.16	177.13

表 7.2: 白金 (Pt) 抵抗素子の抵抗-温度特性 (単位は Ω)

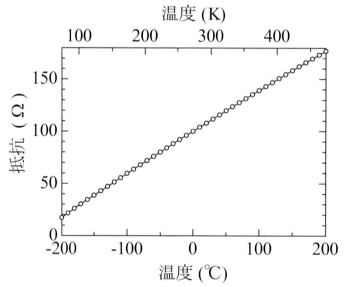

図 7.15: 白金抵抗素子の抵抗-温度特性

参考文献

インターネットで調べた情報を安易に鵜呑みにするのではなく、積極的に図書館に赴き参考書などを読んでみましょう。以下の文献は基本的には図書館にありますが、どうしても見つからない場合は貸し出しますので申し出て下さい。

参考文献

[1] 課題1に関する参考文献

1. N. F. Mott and H. Jones: The Theory of the Properties of Metals and Alloys (The Oxford University Press)（内田老鶴圃から和訳本あり「金属物性論」）「II-4. 周期場での電子の運動」を参照。その他の章も大変参考になる。

2. C. Kittel: Quantum Theory of Solids (John Wiley & Sons, Inc.)（丸善株式会社から和訳本あり「固体の量子論」）「13. エネルギー・バンドとフェルミ面の計算」を参照。その他の章も参考になる。

3. J. M. Ziman: Principles of the Theory of Solids (The Syndics of the Cambridge University Press)（丸善株式会社から和訳本あり「固体物性論の基礎」）「3. 電子状態」を参照。その他の章も大変参考になる。

4. 阿部龍蔵：電気伝導（培風館）「5. 固体電子のバンド構造」を参照。その他の章も大変参考になる。

5. 上村 洸，中尾憲司：電子物性論（培風館）「5. 結晶内電子の基本的性質」を参照。その他の章も大変参考になる。

6. 斯波弘行：固体の電子論（丸善）「1. 相互作用のない電子系」を参照。その他の章も大変参考になる。

7. 花村榮一：固体物理学 基礎演習シリーズ（裳華房）「4. ブロッホ電子 -エネルギーバンド-」を参照。

8. 川村 肇：半導体の物理 新物理学進歩シリーズ（槇書店）「§1.4 固体内電子のバンド構造」を参照。この本は後述するように半導体に関しても大変参考になる。

9. 西澤潤一編 御子柴宣夫著：半導体の物理 [改訂版]（培風館）「3. 固体のバンド理論」を参照。この本は後述するように半導体に関しても大変参考になる。

[2] 課題2に関する注意

1. 単位換算に注意。（計算する際に単位系を統一すること。）

2. 電子の質量は $m = 9.109 \times 10^{-31}$ kg とする。

3. 純度の良い金属の平均自由行程は、低温で数 100〜 数 1000 Å にもなる。

[3] 課題3に関する参考文献

1. 川村 肇：半導体の物理 新物理学進歩シリーズ（槇書店）「§1.8 半導体の電子分布」を参照。不純物半導体に関しても丁寧に説明してあるのでわかりやすい。また半導体の具体的なデータを紹介しながら説明されているので実践で役に立つ。

2. H. J. Goldsmid: problems in solid state physics (Pion Limited)（丸善株式会社から和訳本あり「演習固体物理学上，下」）「13. 均質な半導体の性質 問題 13.1」を参照。

3. 花村榮一：固体物理学 基礎演習シリーズ（裳華房）「5. 金属と半導体 問題 [2]」を参照。

参考文献

4. 西澤潤一編, 御子柴宣夫著：半導体の物理 [改訂版] (培風館)「4. 固体内の電子の統計分布」を参照。

5. 阿部龍蔵：電気伝導 (培風館)「10. 半導体の電気伝導」を参照。

6. J. M. Ziman: Principles of the Theory of Solids (The Syndics of the Cambridge University Press) (丸善株式会社から和訳本あり「固体物性論の基礎」)「4.6 半導体の電子またはホールの統計」を参照。

[4] 課題4に関する注意

いささか作為的ではあるが、$\log R$ 対 $1/T$ プロットしたときに直線から大きくずれる（特に室温付近の）データは削除して傾きを求めること。また求めた値は eV（エレクトロンボルト）単位で表示し、Ge のバンドギャップの値（文献値）と必ず比較すること。

[5] 課題5に関する注意

課題4と同様に室温付近のデータの取り扱いに注意。

[6] 課題9に関する参考文献

1. 花村榮一：固体物理学 基礎演習シリーズ（裳華房）「7. 超伝導」を参照。

2. J. M. Ziman: Principles of the Theory of Solids (The Syndics of the Cambridge University Press) (丸善株式会社から和訳本あり「固体物性論の基礎」)「11. 超伝導」を参照。

3. 斯波弘行：固体の電子論（丸善）「5. 超伝導」を参照。

4. M. Tinkham: Introduction to Superconductivity (McGraw-Hill Book Company) (産業図書から和訳本あり「超伝導現象」、また吉岡書店からも和訳本が出ている「超伝導入門」)

[7] 超伝導に関する読みもの的な本

1. 永野 弘：極低温と超電導（啓学出版）

2. 田中靖三：超電導とその応用（産業図書）

3. 大塚泰一郎：超伝導の世界（ブルーバックス, 講談社）

4. 中嶋貞雄：超伝導（岩波新書）

5. 益田義賀：超流動と超伝導（丸善）

6. 長岡洋介：低温・超伝導・高温超伝導（丸善）

[8] 金属の電気抵抗について。（特に温度に比例する抵抗の振る舞いについて。）

1. J. M. Ziman: Principles of the Theory of Solids (The Syndics of the Cambridge University Press) (丸善株式会社から和訳本あり「固体物性論の基礎」)「7.5 '理想' 抵抗」を参照。

2. 阿部龍蔵：電気伝導 (培風館)「9. 簡単な金属の電気伝導度。特に 9-4 高温および低温における電気伝導度」を参照。

3. N. F. Mott and H. Jones: The Theory of the Properties of Metals and Alloys (The Oxford University Press) (内田老鶴圃から和訳本あり「金属物性論」)「VII. 金属と合金の電気抵抗」を参照。

4. 永宮健夫, 久保亮五編：固体物理学（岩波書店）「第 6 章 電子と格子振動との相互作用の金属の電気伝導と熱伝導（高温の場合）」を参照。

[9] ショットキーバリアについて.

1. 川村 肇：半導体の物理 新物理学進歩シリーズ（槇書店）「§6.1 半導体と金属の接触と整流作用」を参照。

2. C. Kittel: Introduction to Solid State Physics (John Wiley & Sons, Inc.)（丸善から和訳本が多数出版されている「固体物理学入門」）

3. 西澤潤一編，御子柴宣夫著：半導体の物理 [改訂版]（培風館）「8. 半導体界面の物理」を参照。

4. 霜田光一，桜井捷海：エレクトロニクスの基礎（裳華房）「第3章 半導体ダイオード」を参照。

[10] 磁性に関して特に初学者向きの参考書を挙げる

1. 近角聰信：強磁性体の物理（裳華房）

2. 有山兼孝，茅 誠司，小谷正雄，三宅静雄，武藤俊之助，永宮健夫編：物質の磁性（物性物理学講座6，共立出版）

3. 中村 伝：磁性（槇書店）

4. 金森順次郎：磁性（培風館）

5. 足達健五：化合物磁性 局在スピン系（物性科学選書，裳華房）

6. 伊達宗行：物性物理学（朝倉現代物理学講座，朝倉書店）

7. 伊達宗行：「物性物理の世界」，「新しい物性物理」（ブルーバックス，講談社）

第8章　高温・熱測定

　「温度」は私たちが肌で感じることのできる物理量であり、自然科学の多くの分野において最も重要な物理量のひとつとなっている。「温度」は他の物理量（たとえば長さや質量など）と比べると、原点である絶対零度は実現できないことや、温度が半分や2倍になった状態を直感できないなど、特異な点がある。そもそも、温度とはどのように測定するのだろうか。温度計にはどのような仕組みのものがあるのか。非接触でも温度は測れるのだろうか。この実験における大きな目的のひとつは「温度の測定法を知る」ことである。

　また、私たちは気温が数度変わるだけでも暑さや寒さとして感じることができるため、冷暖房器具は人間が適温と感じる温度を実現するように設計されている。例えば、エアコンはその設定温度になるまで暖気あるいは冷気を出し、設定温度に近づいたら自動的に出力を弱めている。これを温度制御といい、自然科学の実験でも良く用いられる技術である。では、温度制御はどのように行っているのだろう。この実験では、電気炉の温度を制御するための回路を組み、その特性データを調べることで温度制御について学ぶ。これにより、簡単な実験用の炉を自分で組めるようにする（実験1）。

　さて、温度の高い物質と低い物質を接触させると、熱は高温部から低温部へ移動する。このような熱の伝わり方を熱伝導といい、理論的には熱伝導方程式によって熱が移動するさまを知ることができる。本実験では金属や岩石の熱伝導の様子を実際に測定し、熱伝導方程式の解析解や差分法による数値解析の結果との比較を行う。またコンピュータによるデータ整理などについても学ぶ（実験2）。

A　実験をする前に

1　温度制御（自動制御と温度測定）

1.1　はじめに

　温度に依存する物理量を測定するときは、温度をパラメータとして実験することになる。具体的には、次のような実験下での測定を考えることができる。

- 氷水など一定の温度の熱浴を利用する

- 熱浴の温度を一定に保持、あるいは任意に可変する

どのような実験系を設計するかは実験ごとに異なり、適切なものを選ぶ必要がある。研究分野によらず、温度を制御した系での実験は盛んに行われている。ここでは、特に高温炉の設計を行うに当たり必要な、制御方法、発熱体、温度測定について述べる。

第 8 章　高温・熱測定

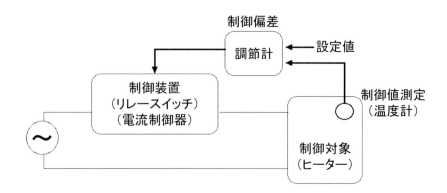

図 8.1: 温度制御の回路概念図

1.2　温度制御とは

　自動制御は身近な家電製品でも用いられている。こたつを例に考えてみよう。こたつは電熱器（制御対象）と制御装置、温度計などからなる（図 8.1）。当然、こたつの場合は温度を適温（一定）に保つことが要求されているので、

- 測定温度が設定温度より低いときは、電流を流し、発熱させる（電源 on）
- 測定温度が設定温度より高くなると、電流を止め、発熱を止める（電源 off）

ということをしている。このように電源の on-off を利用して制御することを **on-off 制御** という。ただしこの制御法では、寒いときは急速に暖めたいというような要望には応えることができない。そこで、

- 測定温度と設定温度の差（制御偏差）が大きいときには、流す電流量を増やす

という制御が必要となる。またこの制御では、設定温度との温度差が小さくなるとゆっくり暖まることになる。このような制御を **連続制御** という。また、

- 測定温度が設定温度からずれた場合、直ちに応答する

ようにすることで、より素早く応答する制御系を作ることができる。ここにあげた 4 つをまとめると、

> 設定温度の変更や外乱による温度変化があった場合、
> 制御系は速く応答し、設定温度に早く到達すること

が温度を適温（一定）に保持するために必要な用件となる。ただし、早く暖めたいからといって大電流を流すと急激に温度が上昇してしまい、設定温度を大きく超えてやけどをしてしまう。系が不安定にならない範囲内で、電流量や応答速度を決める必要がある。

　どちらの制御方法をとるかはその実験や要求される精度で決めることになるが、一般に on-off 制御の方が安価で容易に実現できる。また、連続制御の代表としては PID 制御がある。PID 制御とは、制御温度と測定温度の差（制御偏差）に対して、

- 制御偏差に比例した比例動作：proportional control action
- 制御偏差を時間で積分した積分動作：integral control action

A. 実験をする前に

表 8.1: ニクロム線・カンタル線の規格

線種	成分 (wt%)				20°C での抵抗率	最高使用温度
	Ni	Cr	他	Fe	($\mu\Omega \cdot$ cm)	(°C)
ニクロム線 1 種	> 77	19-21	Mn, Si	< 1	108	1100
ニクロム線 2 種	> 57	15-18		残部	112	1000
カンタル線 1 種		23-26	Al, Mn, Si	残部	142	1200
カンタル線 2 種		17-21		残部	123	1100

● 制御偏差を時間で微分した微分動作：derivative control action

の各動作を組み合わせて行う制御方法である。比例動作は制御偏差に比例した修正動作を行うため、より早く制御温度に近づくことができる。しかし、これだけでは温度が設定温度に達する前に安定化し、オフセット（設定温度との差）を生じる。積分動作は過去の制御偏差を積算することにより、このオフセットを取り除く。微分動作は温度変化に対して動作するため、設定温度からより速くずれていくときは大きな役割を示すため、応答時間を上げることに寄与している。このような連続制御を行うと、より精度よく温度制御を行うことができる。

1.3 発熱体

高温炉には、太陽炉や赤外線炉のように放射を利用したもののほかに、電気抵抗や電磁誘導によるジュール熱を利用して加熱するものがある。いずれにしてもエネルギーを小さな空間に投入して、外部に逃げないように閉じこめるようにしたものである。発熱材料を以下に紹介する。

(a) 卑金属発熱体

ニクロム線やカンタル線などがある。温度は 1000°C 程度まで上げることができ、カンタル線の方が高い温度まで使用できる。これらを炉心管に巻き付け周りを断熱材で包むと簡単な炉がつくれる。本実験で使用する炉もこのようにしてつくられている。規格は表 8.1 にある。

(b) 白金発熱体

白金の融点は 1769°C で高く、酸化も表面層のみであることから、発熱体に使用される。柔らかくて扱いやすい利点があるが、高価であるのが難点である。また。高温では Si と反応するので、炉心管や断熱材の材質に注意することが肝心である。

(c) 白金・ロジウム合金線

白金・ロジウム合金はロジウムの量が多いものほど硬度も増し、融点が高くなる。扱いについては白金線と同じである。

(d) 炭化硅素発熱体

炭化硅素 SiC の粉末を焼結したもので、シリコニットなどの商品名で販売されている。1450°C 程度の温度まで昇温可能で使用範囲は広い。また、この温度は岩石の融点近傍であることから地球科学の研究などにもよく使われる。発熱体材料は堅く脆いので取り扱いに注意が必要である。

(e) 炭素発熱体

第 8 章　高温・熱測定

黒鉛の融点が高い（約 3700 °C）ことから、抵抗を持たせることによって発熱体として使用することが出来る。しかし、大気中では簡単に酸化してしまうので、真空中もしくは希ガス中で使用する。

(f) 高融点金属発熱体

W（タングステン）、Ta（タンタル）、Re（レニウム）、Mo（モリブデン）等の金属は融点が高いので電球のフィラメントに使われており、発熱体としても使用できる。しかし、炭素と同様、大気中では酸化して燃えてしまうので、真空中もしくは希ガス雰囲気中でしか使用できない。

1.4　温度測定

国際実用温度目盛は可能なかぎり熱力学的温度を実現できるような目盛りを温度にあたえるものである。絶対温度 T の単位は K で、絶対零度を 0 K、水の三重点（固相、液相、気相が共存する温度）を 273.16 K として定義される。セルシウス温度の単位は °C であり、

$$[°C] = [K] - 273.15 \tag{8.1}$$

で定義される。温度の目盛りは、温度標準の体系である 1990 年国際温度目盛（ITS-90）により与えられている（詳しくは理科年表を参照）。温度が物理的に正確に測定できるのは、温度計と測定しようとする系とが熱平衡状態にある時だけである。急激に変化している系では温度計と系とが平衡になっていない場合があり、また微小の系では温度計自身が系の熱的状態を乱していることがある。すなわち温度計は小型で熱容量が小さいものがよい。温度計には次のようなものがある。

(a) 光温度計

プランクの黒体輻射の法則によれば熱放射のエネルギースペクトルは物体の温度に関係している。この熱輻射を利用した温度計で、タングステンフィラメントの輝度温度と物体の輝度温度の比較から物体の温度を決める。主に 800 °C 以上の高温測定に使われる。

(b) 抵抗温度計、サーミスタ

いずれも温度による抵抗の変化を電気的に読み取るもので、かなり正確に温度が測定できる。

(c) 熱電対

異種の金属を両端で接触させ温度差を与えると、それに応じた起電力を生じる（ゼーベック効果）。これが熱起電力である。熱起電力を発生させる目的で 2 種の導体の一端を接続したものが熱電対である。熱電対は構造が簡単で広い温度範囲で使用できるので、広く一般に使われている。本実験でも熱電対による温度測定を行う。よく使われる熱電対の種類と成分を表 8.2 に示す。

R 型の熱電対は 0～1600 °C まで使用でき高精度の実験に適すが、高価である。また酸化性の雰囲気には強いが、還元性の雰囲気には弱い。K 型は 0～1200 °C で使用でき温度範囲も広いので、最もよく使われる。R 型と同様に酸化性の雰囲気に強いが、還元性の雰囲気には弱い。ただし、200～600 °C の厳密な測定には問題があるとされている。

K 型熱電対の温度に対する起電力 e は、

$$e = \sum_0^{10} c_i \cdot T^i \quad (\text{mV}) \quad \text{for} \ -270 \sim 0\,°C \tag{8.2}$$

A. 実験をする前に

表 8.2: 熱電対の種類と成分

種類	記号	＋脚	−脚
白金・ロジウム合金–白金（PR）	R 型	ロジウム約 12.7%を含む白金合金	白金
クロメル–アルメル（CA）	K 型	ニッケル・クロムを主とした合金	ニッケルを主とした合金
クロメル–コンスタンタン（CRC）	E 型	ニッケル・クロムを主とした合金	銅・クロムを主とした合金
鉄–コンスタンタン（IC）	J 型	鉄	銅・クロムを主とした合金
銅–コンスタンタン（CC）	T 型	銅	銅・クロムを主とした合金

表 8.3: K 型熱電対の熱起電力の関数式の係数

i	c	d
0	0	-1.853306×10^{-2}
1	3.947543×10^{-2}	3.891834×10^{-2}
2	2.746525×10^{-5}	1.664515×10^{-5}
3	-1.656541×10^{-7}	-7.870237×10^{-8}
4	-1.519091×10^{-9}	2.283579×10^{-10}
5	$-2.458167 \times 10^{-11}$	$-3.570023 \times 10^{-13}$
6	$-2.475792 \times 10^{-13}$	2.993291×10^{-16}
7	$-1.558528 \times 10^{-15}$	$-1.284985 \times 10^{-19}$
8	$-5.972992 \times 10^{-18}$	2.223997×10^{-23}
9	$-1.268801 \times 10^{-20}$	
10	$-1.138280 \times 10^{-23}$	

$$e = \sum_0^8 d_i \cdot T^i + 0.125 \exp\left\{ -\frac{1}{2} \cdot \left(\frac{T - 127}{65}\right)^2 \right\} \quad \text{(mV)} \quad \text{for } 0 \sim 1372\,°\text{C} \tag{8.3}$$

の式によって与えられる。c および d の係数は表 8.3 に与える。

この式を使えば、K 型熱電対の電圧から温度が読み取れる。最近の市販のマルチメーターのなかには、この換算を内部で自動的にしてくれる物がある。本実験で使用するマルチメーターもそのようになっているので、簡単に温度を直読できる。

2 熱の伝達

2.1 はじめに

高温炉や低温用のクライオスタットを設計する場合、外部との熱の伝達（放出や流入）を考えなくてはならない。では熱はどのように伝達するのであろうか。熱の伝達様式には、

- 熱伝導

第 8 章　高温・熱測定

- 対流

- 熱放射（熱輻射）

の 3 つがある。このうち対流には、必ず熱伝導と熱放射のいずれか一方または両者が同時に存在している。以下で、それぞれの熱伝達の過程を紹介する。

2.2　熱伝導

　熱伝導とは、「物質の移動や放射によるエネルギー輸送なしに物体の高温部から低温部に熱が移動すること」をいう。熱伝導方程式を導出するため、まず微小な体積をもつ物質を考える。微小体積から x 軸方向への熱流 J_x [J/(s·m^2)] は、x 方向の温度勾配 $\frac{\partial T}{\partial x}$ に比例し、

$$J_x = -k\frac{\partial T}{\partial x} \tag{8.4}$$

と表すことができる（フーリエの法則）。比例定数の k [J/(s·m·K)] は熱伝導率とよばれ、温度 T に依存した値を示す。y や z 軸方向への熱流も同様に定義できる。すると微小体積からの正味の熱流出量は $\mathrm{div}J$ で与えられ、

$$\mathrm{div}J = \frac{\partial J_x}{\partial x} + \frac{\partial J_y}{\partial y} + \frac{\partial J_z}{\partial z} = -\mathrm{div}\,(k \cdot \mathrm{grad}T) \tag{8.5}$$

と表すことができる。

　このとき微小物質における熱量 Q_1 の時間変化は、物質の比熱 C [J/(K·kg)] と密度 ρ [kg/m^3] を用いて次のように表すことができる。

$$\frac{\partial Q_1}{\partial t} = \rho C\frac{\partial T}{\partial t} = \mathrm{div}\,(k \cdot \mathrm{grad}T) \tag{8.6}$$

ここで、物質中で熱伝導率 k が一様であれば、

$$\frac{\partial T}{\partial t} = a \cdot \mathrm{div}\,\mathrm{grad}T = a\left(\frac{\partial^2 T}{\partial x^2} + \frac{\partial^2 T}{\partial y^2} + \frac{\partial^2 T}{\partial z^2}\right) \tag{8.7}$$

とできる。ここで $a = \frac{k}{\rho C}$ は熱拡散率（あるいは温度伝導率）と呼ばれる。一般には熱伝導率 k は非等方物質で 2 階のテンソルとなるが、等質等方物質ではスカラー量となり、上のような簡単な熱伝導方程式となる。

2.3　対流

　有限の温度を持つ物質は熱量を持っていることと等価であるため、物質が移動すると熱も移動することになる。通常、熱せられた物体は体積が増加し密度が小さくなるため、周囲に対する浮力を得て上昇する。逆に冷たい物体は負の浮力によって沈下する。このような運動をと呼び、熱を運ぶ効率が伝導に比べて大きい。動きやすい（柔らかい）物質ほど対流しやすいため、この過程による熱の伝達が重要となる。

B. 実験

2.4 熱放射

熱放射とは、「物体から熱エネルギーが電磁波として放出される現象」である。そのエネルギーと波長ごとの違い（スペクトル分布）は、物体の種類と温度だけで定まる。熱流出量 $\frac{\partial Q_2}{\partial t}$ はシュテファン・ボルツマンの放射法則に従い、

$$\frac{\partial Q_2}{\partial t} = \sigma \varepsilon S T^4 \tag{8.8}$$

で表すことができる。ここで、S は放射面の面積、ε は材料の放射率である（黒体の場合は放射率が 1 となる）。σ はシュテファン・ボルツマン定数で、5.67×10^{-8} [J/(s·m²·K⁴)] である。

B　実験

1　実験1（高温制御の設計と特性の調査）

1.1　目的

温度が一定となるような高温炉の制御回路を設計し、制御温度の特性を調べ、利点・欠点について考える。

1.2　回路設計

ここでは、簡単な on-off 制御を用いた高温炉をくみあげる。

課題1

温度を一定に保つ高温炉の回路設計を行え。用意してある材料は以下の通りである。

- スライダック：可変型の変圧器で、電気炉へ投入する電力を調節するためのもの。大きな電流量をとれるのが特徴である。

- 電流計：回路を流れる電流量をモニターするためのもの。

- 電気炉：ニクロム線を使用した電熱器を本実験では電気炉として使用する。

- 熱電対：温度を測定するためのもの。本実験ではクロメル・アルメル熱電対を使用する。

- マルチメーター：熱電対の電圧を温度に換算して表示するもの。

- 温度コントローラー：on-off 制御の心臓部。熱電対からの熱起電力を入力すると、内部で温度に変換する。外部へ信号を出すことができ、測定温度が設定温度よりも小さいと 12〜15V を出力し、設定温度を超えると出力をやめるように設定してある。

- リレースイッチ：ある電気回路の信号により、別の電気回路のスイッチをコントロールするもの。実験で用いる 1 系統の機械式リレースイッチは端子を 4 つ持っている。そのうち 2 つがコイルにつながっており、電流を流すことで磁場を発生する。すると、L 字の金具が磁場に引き寄せられ残り 2 つの端子をショートさせる。

121

第 8 章　高温・熱測定

● 導線各種：端子のついたものやプラグのついたものがあるので、必要に応じて選択し使用する。

注意　配線などにミスがあった場合、下手をするとショートし、やけどや感電する可能性がある。また、ブレーカーが落ちる可能性もある。電源プラグをコンセントへ差し込む前に、各自で設計した回路を担当教員か TA にチェックをしてもらうこと。

1.3　温度制御

回路が完成したならば、実際に温度を制御し、その安定性を確かめることにしよう。また、電流値を変えた場合、その安定性（例えば温度変化の振幅や周期など）はどのように変化するだろうか。

課題 2

電気炉を 300 °C に温度制御する。制御系が安定してから、制御温度の時間変化を測定する。また、電流値を変えたとき、温度変化の振幅や周期がどう変化するかを調べよ。

問 1　設定した電流値に対する温度変動幅や周期の変化から、何が読み取れるかを考える。

問 2　次節で行う熱伝導の測定実験に当たり、適切と考えられる電流値を考える。

2　実験 2（熱伝導の測定）

2.1　目的

実験 1 で温度制御ができるようになった電気炉を用いて、熱伝導の測定を行う。また、熱伝導方程式を解析的に、また数値的に解き、実験結果と比較検討する。

2.2　熱伝導の測定

電気炉を温度一定の熱浴と考え、熱浴に測定試料をセットし、試料内部の温度がどのように変化していくのかを調べる。

課題 3

用意した円柱状の試料には底面から 1 cm 程度のところに温度測定用の穴があいている。この穴に熱電対を挿入して温度変化を計測し、熱浴におかれた試料中の熱伝導を観察せよ。また、異なる組成の試料での計測を行い、その結果を比較せよ。

注意　測定を終えた試料は当然高温であるため、火傷に十分注意のこと。水冷する場合、特に岩石試料を高温状態から急冷すると亀裂が生じるため、100 °C 以下になるまで待ってから水冷すること。また、水冷後の試料を再加熱して測定する際は、熱電対用の穴に入り込んだ水が温度変化に強く影響してしまうため、綿棒等で拭き取ってから測定すること。

B.　実験

2.3　熱伝導方程式の解析的な解

1次元の熱伝導方程式は、

$$\frac{\partial T}{\partial t} = \frac{k}{\rho C}\frac{\partial^2 T}{\partial x^2} \tag{8.9}$$

と表すことができる。ここで、T [K] は温度、k [J/(s·m·K)] は熱伝導率、C [J/(K·kg)] は比熱、ρ [kg/m^3] は密度である。最初に 0 K であった物体の一端が $T = T_0$ の熱浴に接した場合、つまり、

初期条件：$T(x, t = 0) = 0$　for　任意の x

境界条件：$T(x = 0, t) = T_0$　for　任意の t

とした場合、方程式の解は以下のようになる。

$$T(x, t) = T_0 \left\{ 1 - \mathrm{erf}\left(\frac{x}{2\sqrt{at}}\right) \right\} \tag{8.10}$$

ここで、$a = \frac{k}{\rho C}$ である。また、誤差関数 erf は次のように定義される。

$$\mathrm{erf}(z) = \frac{2}{\sqrt{\pi}} \int_0^z \exp\left(-\eta^2\right) d\eta \tag{8.11}$$

誤差関数の形は、Microsoft Excel や gnuplot などのソフトウエアを利用すれば簡単に知ることができる。

課題 4

課題 3 で行った初期条件 $T(x, t = 0) =$ 室温では、上の解析的な解がどのような形になるか考えよ。そしてその解をコンピュータ（例えば Excel や gnuplot など）を使用してグラフ化し、測定点における温度の時間変化を調べよ。（advanced: また、試料内部の温度分布が時間とともに変わる様子をグラフ化し、試料の違いによって内部の温度変化がどの程度違うのかを確認せよ。）

2.4　熱伝導方程式の数値的な解

熱伝導方程式は、1次元で特別な初期条件と境界条件の下では解析的に解くことができるが、一般には初期条件や境界条件は複雑であり、解析的に解くことはできない場合が多い。このような場合でも、微分方程式を差分法によって近似的に解くことは可能である。ここでは、微分方程式から差分方程式を導き、プログラミング言語を用いた数値プログラムを作成して解く。

試料を微小領域 Δx に区切り、原点（熱浴）から番号 i を割り振る（$x = i\Delta x$）。同様に、時間も微小時間 Δt に区切り、時間ステップの番号を j とする（$t = j\Delta t$）。また、時間 t における試料の位置 x での温度を、$T_{i,j}$ と表す。このとき、温度の偏微分をどのように表すことができるのかについて、図 8.2 を参考にして考えてみる。

ある i 番目の微小領域における温度勾配 $\left(\frac{\partial T}{\partial x}\right)_{i,j}$ は、その両隣との境界の温度 $T_{\mathrm{a},j}$ と $T_{\mathrm{b},j}$ を用いて、次のように表すことができる。

$$\left(\frac{\partial T}{\partial x}\right)_{i,j} = \frac{T_{\mathrm{a},j} - T_{\mathrm{b},j}}{\Delta x} \tag{8.12}$$

123

第 8 章　高温・熱測定

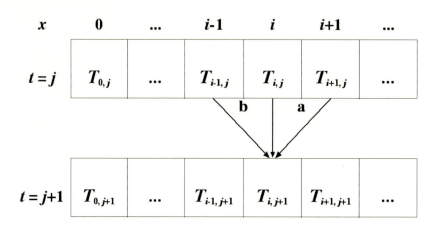

図 8.2: 微小領域に区切られた試料

ここで定義した $T_{a,j}$ を、i 番目と $i+1$ 番目の微小領域での温度で表すと、

$$T_{a,j} = \frac{T_{i+1,j} + T_{i,j}}{2} \tag{8.13}$$

と平均の温度で表すことができる。同様に $T_{b,j}$ も表すことができるので、式 8.12 は次のように表すことができる。

$$\left(\frac{\partial T}{\partial x}\right)_{i,j} = \frac{T_{i+1,j} - T_{i-1,j}}{2\Delta x} \tag{8.14}$$

同様に考えると、空間の二階微分や時間微分については

$$\left(\frac{\partial^2 T}{\partial x^2}\right)_{i,j} = \frac{T_{i+1,j} - 2T_{i,j} + T_{i-1,j}}{(\Delta x)^2} \tag{8.15}$$

$$\left(\frac{\partial T}{\partial t}\right)_{i,j} = \frac{T_{i,j+1} - T_{i,j}}{\Delta t} \tag{8.16}$$

を得ることができる。これらを 1 次元の熱伝導方程式 (8.9) に代入すると、

$$T_{i,j+1} = \frac{\Delta t}{(\Delta x)^2} a(T_{i+1,j} + T_{i-1,j}) + \left(1 - 2\frac{\Delta t}{(\Delta x)^2} a\right) T_{i,j} \tag{8.17}$$

が得られる。左辺は時間 $j+1$ の温度、右辺は時間 j の温度で表されていることに注意しよう。つまり、ある時刻 $t = j$ における自分自身の温度 ($T_{i,j}$) とその両端の温度 ($T_{i-1,j}, T_{i+1,j}$) を用いることによって、Δt だけ未来 ($t = j+1$) の自分の温度 ($T_{i,j+1}$) を計算できることを意味する。この差分法は陽の差分方程式と呼ばれている（他にも陰の差分方程式というものもあるので、興味のある人は参考書を読んでみるとよい）。こうした差分式を解く時は、計算開始時 $t = 0$ における各 x での温度 ($T_{i,0}$) を与える必要があり、これを**初期条件**と呼ぶ。また、微小領域の両端における温度 ($T_{0,j}$ および $T_{n,j}$) を設定する必要があり、これを**境界条件**と呼ぶ。境界条件には様々な設定の仕方がある中で、境界での解の固定値（今の場合は温度）を与える Dirichlet（ディリクレ）条件や、境界における解の微分値（今の場合は熱流量）を与える Neumann（ノイマン）条件が良く用いられる。

B. 実験

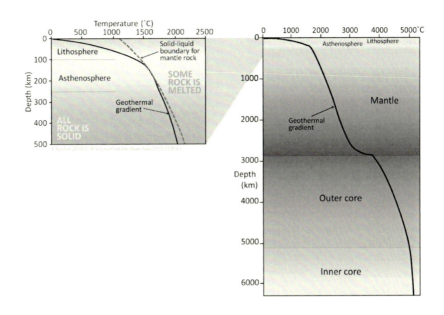

図 8.3: 右は、地球中心から表面までの地球内部の温度分布の推定図。左は地殻と上部マントルを拡大したものに、岩石の融点を点線で加えてある。地球内部を化学組成的に見ると、中心から、金属（鉄と少量のニッケル）でできた固体の内核と液体の外核、岩石（かんらん岩）でできた固体のマントル、そして最外層の地殻（花崗岩や玄武岩）に成層している。一方で力学的性質で見ると、最も外側の弾性的に振る舞う領域をリソスフェア（Lithosphere）と呼び（プレートとほぼ同じ）、その下で流動性を持つ地震波の低速度領域をアセノスフェア（Asthenosphere）と呼ぶ。この温度分布は、放射性同位体元素の量や、表面での熱流量の測定値、内部での熱伝導や対流による熱輸送のモデル計算などから推定されたものであり、数十〜数百 K 程度の不定性がある（本章末尾の「地球内部の温度分布推定」を参照）。

課題 5

差分法による温度の時間発展を計算するプログラムを作成し、コンピュータを使用して計算せよ。計算にあたっては課題 3 で行った試料の熱伝導測定を模擬した状況を想定し、初期条件や境界条件、物性値、温度評価点の位置などを適切に設定し、温度の時間変化を図示せよ。（advanced: また、試料内部の温度分布が時間とともに変わる様子をグラフ化し、試料の違いによって内部の温度変化がどの程度違うのかを確認せよ。）

課題 6

ここで紹介した差分法は任意に Δx や Δt をとることができる。しかし、適切な Δx や Δt を使用しないと解が収束せず、発散する。収束解を得るための条件（**収束条件**）を、これらの定数を変えて計算することにより調べ、その条件について物理的に考察せよ。

問 3 差分法によって得られた結果を、測定実験や解析解による結果と比較する。結果に差がある場合は、なぜそのような結果が得られたのかを考える。

問 4 実験 2 において用いた試料では、特に金属試料の場合は岩石試料と比較して熱伝導の様子をうまく測定できない。このことについてその原因を考察し、金属試料の場合はどのような実験をすればよいか提案する。

問 5 地球が 46 億年前に完全に融けていたとして、熱伝導だけで冷却するためにはどのくらいの時間がかかるかについて、先の実験で得た岩石の熱伝導率などを用いて計算する。また、計算によって過去や

参考文献

現在の地球内部の温度分布を推定する。熱伝導のみによる地球冷却モデルによって求められる温度分布は、地震波速度やマントル物質のレオロジーから推定されているそれと比べると、明らかに異なる（図8.3）。この違いは何を意味するのかについて考える。

参考文献

[1] 本河 光博、三浦 登：基礎技術 II －実験環境技術（実験物理学講座2、丸善）

[2] 小林 俊一、櫛田 孝司：基礎技術 III －測定技術（実験物理学講座3、丸善）

[3] 栗野 満：高温・熱技術（物理工学実験8、東京大学出版会）

[4] 山本 重彦、加藤 尚武：PID制御の基礎と応用（朝倉書店）

[5] S.V. Patankar 著、水谷 幸夫、香月 正司訳：コンピュータによる熱移動と流れの数値解析（森北出版）

[6] 戸川 隼人：数値解析とシミュレーション（共立出版）

[7] J. Crank：The mathematics of diffusion (Oxford at the Clarrendon Press)

[8] 竹内 均：地球科学における諸問題（裳華房）

[9] 杉浦 新他：図説地球科学（岩波書店）

[10] 力武 常次：簡明地球科学ハンドブック（聖文社）

[11] 力武 常次：固体地球科学入門－地球とその物理－第2版（共立出版）

地球内部の温度分布推定

地球内部は非常に高温高圧で、人類はマントルにも未到達である。当然、温度計を持っていくことは不可能なため、次のような手がかりを用いて温度の分布の推定をしている。

- 【地球初期の温度分布】微惑星が互いに離合集散を繰り返しながら惑星へと成長する際に得た衝突エネルギーによる発熱や、地球として集積した後の重力による物質沈降に伴う断熱圧縮によって内部の温度が上昇し、地球初期の熱的構造が与えられる。その後は、ウランやトリウムなどの長寿命放射性同位元素の放射壊変に伴う発熱や、地球マントルの固相対流による熱輸送とのバランスによって内部の温度が決まっていく。

- 【地殻の温度分布】地中深くに穴を掘って採取した岩石の熱伝導率を計測するとともに、深部での複数点での温度を計測することによって地殻熱流量を見出す。それをもとに、地殻全体の温度分布を推定する。

- 【地殻・上部マントルの温度分布】地殻や上部マントル中に含まれる放射性同位元素による発熱量分布から制約する。

- 【上部マントル（深さ400km以浅）】地殻からマントルへ入ると地震波速度が急増する。マントル構成物質であるかんらん岩の相転移に対応しており、温度は1400~1550°Cと見積もられる。

- 【上部マントルの温度分布】上部マントルから噴出したマントル捕獲岩（マントルを構成する岩石が、火山の噴火に伴って溶融をともなわずに地表に運ばれたもの）中の輝石の化学組成を用いて温度を決める（輝石温度計）。

- 【外核−マントル境界】外核は、地震波のS波が完全に減衰する特徴を持っていることから流体と考えられている。従ってこの外核の温度は鉄の融点を超えることから、核−マントル境界の推定温度は2500~5000°Cと見積もられる。この不定性は、高温高圧という室内実験の困難さや、鉄以外の軽元素成分（硫黄、水素、酸素など）の量の不確定さなどによるものである。

第9章　エレクトロニクス

実験的研究において、使用する装置の働きを理解しておくことは極めて重要である。実験的研究とは、得られた実験結果を理論と比較するだけのものではなく、実験結果に対する考察を元に、新たな実験方法を開発するまでの一連の過程をもって初めて成立する。そして、実験方法の開発は当然、装置の開発を含むものである。したがって、研究者は装置を単にブラックボックスとして扱うのではなく、装置を含めた全体を物理システムとして把握できるように努めなければならない。

本実験では電子回路を扱う。これは、物理計測システムの一部分として重要である。物理量を計測するセンサーの多くは、対象とする物理量に応じて電荷、電流、電圧、抵抗などを変化させる。これを扱いやすい形に変換するために、様々な電子回路が利用されている。

本実験の第一の目的は、電子回路の基本的な取り扱い慣れることである。具体的には、電子回路を用いた光の計測を行う。光検出は、テレビのリモコン、カメラの自動露光機能や光通信など身近なところで広く使われており、物理計測においてもよく用いられる。実験では、オペアンプを組み合わせた回路を各班で製作し、代表的な光センサであるフォトダイオードを使い、光の量を計測する。

A　実験をする前に

1　回路の定量的扱い

電子回路には電流が流れ、各点が異なる電圧値を持っている。これらの関係を定量的に取り扱う方法を考える。まず、図9.1のように抵抗Rの抵抗器と静電容量Cのキャパシタからなる回路 (ここではRC回路と呼ぶ) を考察してみることにする。図9.1中のGND(ground、グランド)は回路中の電圧の基準点、つまり0Vと定義する点を意味しており、必ずしも地面と同電位である事を意味していない。導線の抵抗が無視できるとすると、電圧値は図のV_in、V_outの二箇所を考えればよい。Voutの先に電圧計を付けたとしても、その電圧計に流れ込む電流は無視できる場合が多い。すると、電流は途中に分岐がないので、一つの電流値Iのみ考えればよい。この3つの物理量にどのような関係があるのかを考える。

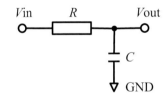

図 9.1: RC 回路

まず、抵抗器についてオームの法則を考えると、

$$V_\text{in} - V_\text{out} = IR \tag{9.1}$$

が成立する。また、キャパシタに蓄えられた電荷Qと極板間電圧V_outの関係

$$Q = CV_\text{out} \tag{9.2}$$

第 9 章　エレクトロニクス

を時間 t で微分して、

$$I = C\frac{d}{dt}V_{\text{out}} \tag{9.3}$$

となる。式 (9.1)、(9.3) はこの RC 回路内の電流電圧の関係を決定する方程式であり、その意味で RC 回路の特性を完全に表現していると言える。これらの式をよく見てみよう。全ての式の各項は回路内の電流または電圧を一つだけ含み、これらの量にかかる演算子は全て線形の演算子である。これは、回路内の電流、電圧を全て定数倍しても式が成り立つことを意味する。このような回路を線形回路という。

さて、複雑な回路では電流の分岐や素子の数が増えてくるので、回路内の全ての電流と電圧の関係式を示すと膨大な連立方程式になってしまう。そこで目的に応じて、式をまとめる必要がある。実際の回路の利用（センサーによる計測など）においては、回路中の一つの電流か電圧を信号として入力し、別の他の電流か電圧を出力と考えることが多い。RC 回路の場合には、V_{in} を入力信号、V_{out} を出力信号と考えると、電圧信号に変化を与えるためのフィルター回路として利用できる。フィルター回路の場合、重要な特性は入力電圧と出力電圧の比である。上の式 (9.1)、(9.3) から I を消去すると

$$(1 + RC\frac{d}{dt})V_{\text{out}} = V_{\text{in}} \tag{9.4}$$

となり、これがフィルターの特性を決める微分方程式となる。V_{in} を時間の関数として与えれば、これを右辺に代入することで、V_{out} を計算することができる。また、電流 I を入力信号、電圧 V_{in} を出力信号とみることもできよう。その場合には、V_{out} を消去し

$$C\frac{d}{dt}V_{\text{in}} = (1 + RC\frac{d}{dt})I \tag{9.5}$$

が特性を決める微分方程式ということができ、I を時間の関数として右辺に与えれば V_{in} が計算される。

得られた二つの式 (9.4),(9.5) をよく見てみよう。いずれの式においても、入力にかかる演算子、出力にかかる演算子は線形な演算子である。したがって、入力と出力の関係も線形である。入出力の関係が線形であるような系を線形応答系と呼ぶ。線形応答系の特性は微分方程式を用いない方法で表現可能である。以下では、インパルス応答と周波数応答という概念を紹介する。

キャパシタとインダクタ

　　静電容量を持つ回路素子をキャパシタと呼ぶ。コンデンサという言い方もある。現実の素子は静電容量以外に並列内部抵抗、直列内部抵抗、自己インダクタンスなどを持つ場合があり、実際にその効果が無視できないこともある。ここでは、そのような可能性を含めた現実の素子をコンデンサ、静電容量のみを持つ理想的な素子のことをキャパシタと呼ぶことにする。

　　同様に、自己インダクタンスのみを持つ理想的な素子をインダクタと呼び、自己インダクタンス以外にも内部抵抗や静電容量などを持ちうる現実の素子をコイルと呼ぶことにする。

A. 実験をする前に

線形とは

線形という言葉は関数、演算子など様々なものの性質を表すのに用いられる。「ある操作 g が線形である」とは次のような性質を持つことを意味する。

「a に操作 g をすると A になり、b に操作 g をすると B になるなら、
これらの線形結合 $c_1 a + c_2 b$ に操作 g をすると $c_1 A + c_2 B$ になる。」

特に、微分、積分が線形な演算であることは重要である。

2　線形応答系の応答関数

系の特性（入力と応答との関係）が時間に依存しない (時間変化しない) 事を時不変（time invariant）と呼ぶ。以降は時不変な線形応答系について考えてみよう。

2.1　インパルス応答

デルタ関数 $\delta(t)$ を入力した時の応答を時間の関数として $\phi(t)$ と書くとき、これをインパルス応答という。

$$\delta(t) \quad \Rightarrow \quad \phi(t) \tag{9.6}$$

これ以降、入力と応答の関係を「入力 ⇒ 応答」の形で表現することにする。入力の前に応答があってはおかしい。結果の前に原因があるというのが因果律の考え方である。したがって、インパルス応答関数に対しては

$$t < 0 \text{ では} \quad \phi(t) = 0 \tag{9.7}$$

という制限がつく。任意の入力関数 $f(t)$ は

$$f(t) = \int_{-\infty}^{\infty} f(t') \delta(t - t') dt' \tag{9.8}$$

という風にデルタ関数 $\delta(t)$ を時間軸方向に連続的にずらして線形結合したものとして表現できる。線形応答系の特性は時間に依らない（時不変）と考えているので、ずらしたデルタ関数 $\delta(t - t')$ に対する応答は $\phi(t - t')$ になる。したがって、$f(t)$ に対する応答は

$$f(t) \quad \Rightarrow \quad \int_{-\infty}^{t} f(t') \phi(t - t') dt' \tag{9.9}$$

と計算できる。このように、インパルス応答を用いて線形応答系の振る舞いを完全に記述することができる。

2.2 インパルス応答の例：調和振動子の自由振動

RC 回路のインパルス応答を考える代わりに、ここでは別の例としてバネ（バネ定数 k）とオモリ（質量 m）からなる調和振動子を考えてみよう。オモリに働く外力を f とおくと、オモリの変位 x が満たす運動方程式は

$$\left(m\frac{d^2}{dt^2} + k + h\frac{d}{dt}\right)x = f \tag{9.10}$$

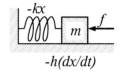

図 9.2: 調和振動子

となる。ただし、速度に比例した抵抗力 $-h\frac{dx}{dt}$ が働くと仮定した。上式の () は線形演算子なので、この系は外力 f を入力、変位 x を外力に対する応答とした線形応答系とみなすことができる。インパルス応答を考える場合、$t=0$ でパルス状の外力、つまり撃力を加えるのであるが、それ以前（$t<0$）は入力前なので、変位は 0 である。外力を $p\delta(t)$ とおくと、その力積は p なので、オモリに運動量 p を与えることが分かる。したがって、入力直後（$t=0_+$）の運動状態は $x=0, \frac{dx}{dt}=\frac{p}{m}$ である。その後は外力が働かないので、上の運動方程式で $f=0$ とし、入力直後の初期条件を満たす解を決めると

$$p\delta(t) \quad \Rightarrow \quad x = \frac{p}{m\omega_0}e^{-t/\tau}\sin\omega_0 t \tag{9.11}$$

となる。但し、抵抗力は小さいとし、$\omega_0=\sqrt{k/m}, \tau=2m/h$ とした。撃力を $\delta(t)$ とした場合のインパルス応答は、この式を p で割って

$$\delta(t) \quad \Rightarrow \quad \phi(t) = \frac{1}{m\omega_0}e^{-t/\tau}\sin\omega_0 t \tag{9.12}$$

と求まる。

2.3 周波数応答

インパルス応答が線形応答系の特性を完全に記述できるのは、任意の入力関数をデルタ関数の線形結合で表現できたからであった。フーリエの考え方にならえば、任意の入力は様々な周波数の正弦波（三角関数 $\sin\omega t, \cos\omega t$：$\omega$ は角周波数）の和で表す事ができる。それゆえ、様々な周波数の正弦波に対する応答さえ知っておけば、任意の入力関数に対する応答は線形性から計算できる事になる。

ここで、入力 $\cos\omega t$ に対する応答をインパルス応答関数から計算すると

$$\cos\omega t \quad \Rightarrow \quad \int_{-\infty}^{t}\cos\omega t' \phi(t-t')dt' = \int_{0}^{\infty}\cos\omega(t-t')\phi(t')dt' \tag{9.13}$$

$$= \left[\int_{0}^{\infty}\cos\omega t' \phi(t')dt'\right]\cos\omega t + \left[\int_{0}^{\infty}\sin\omega t' \phi(t')dt'\right]\sin\omega t \tag{9.14}$$

となり、右辺の三角関数を合成すると

$$\cos\omega t \quad \Rightarrow \quad A\cos(\omega t + \theta) \quad (A>0) \tag{9.15}$$

の形に書ける。つまり、正弦波を線形応答系に入力すると、必ず入力と同じ周波数をもつ応答が帰ってくるということが判った。振幅 A と位相 θ は周波数に依存した実関数であり、それぞれ振幅特性、位相特性と呼び、入力に対する振幅と位相の変化を表している。両者をあわせて周波数応答（もしくは周波数特性）と呼ぶ。（振幅特性のみを取り出して周波数特性と呼ぶことも多い。）

A. 実験をする前に

一方、$\sin \omega t$ に対する応答は、時刻を $\pi/2\omega$ だけ戻せばよいので、

$$\sin \omega t \quad \Rightarrow \quad A\sin(\omega t + \theta) \tag{9.16}$$

となる。両者を用いて、形式的に $e^{i\omega t} = \cos \omega t + i\sin \omega t$ に対する応答を計算しておくと

$$e^{i\omega t} \Rightarrow Ae^{i\theta}e^{i\omega t} = A(\cos \theta + i\sin \theta)e^{i\omega t} \tag{9.17}$$

となる。このように表現すれば、cos と sin を区別する必要がなくなり、入力と出力の時間依存性が形式的に同じ形 $e^{i\omega t}$ で表される。出力の振幅 $Ae^{i\theta}$ は複素数であり、その絶対値 A が振幅特性、位相 θ が位相特性となっている。したがって、この複素数

$$\Phi(\omega) = Ae^{i\theta} \tag{9.18}$$

を周波数応答と呼ぶ方が形式的には便利である。

$\omega < 0$ の領域についても形式的に周波数応答を定義することができて、式 (9.15) の ω を $-\omega$ とすることによって、容易に

$$\theta(-\omega) = -\theta(\omega) \tag{9.19}$$

となることがわかる。言い換えれば

$$\Phi(-\omega) = \Phi(\omega)^* \quad \text{(*は複素共役を示す)} \tag{9.20}$$

である。

周波数応答を用いれば、任意の入力 $f(t)$ に対する応答は計算できる。まず、任意の入力は正弦波 $e^{i\omega t}$ の重ね合わせとして

$$f(t) = \frac{1}{2\pi}\int_{-\infty}^{\infty}\left[\int_{-\infty}^{\infty}f(t')e^{-i\omega t'}\right]e^{i\omega t}d\omega \tag{9.21}$$

と書ける。したがって、これに対する応答は各々の周波数に対する応答 $\Phi(\omega)$ を用いて

$$f(t) \quad \Rightarrow \quad \frac{1}{2\pi}\int_{-\infty}^{\infty}\left[\int_{-\infty}^{\infty}f(t')e^{-i\omega t'}\right]\Phi(\omega)e^{i\omega t}d\omega \tag{9.22}$$

と求まる。この方法を用いて、周波数応答からインパルス応答を得る式を書くと

$$\phi(t) = \frac{1}{2\pi}\int_{-\infty}^{\infty}\Phi(\omega)e^{i\omega t}d\omega \tag{9.23}$$

となる。逆に、インパルス応答から周波数応答を得る式は

$$\Phi(\omega) = \int_{0}^{\infty}\phi(t)e^{-i\omega t}dt \tag{9.24}$$

となり、両者がフーリエ、逆フーリエ変換で結びついていることが判る。

第9章 エレクトロニクス

周波数応答における因果律

周波数応答 Φ もインパルス応答と同様に線形応答系を記述するものなので、因果律によって制限を受ける。これを求めておこう。ある時刻における応答はそれ以降の入力の変化とは無関係に決まるので（因果律）、例えば入力

$$h(t) = \begin{cases} e^{i\omega t} & [t \leq 0] \\ -e^{i\omega t} & [t > 0] \end{cases} \tag{9.25}$$

に対する $t \leq 0$ での応答は $t > 0$ の入力の影響を受けないので、$e^{i\omega t}$ に対する応答と同じでなければならず、

$$h(t) \quad \Rightarrow \quad \Phi(\omega)e^{i\omega t} \quad (t \leq 0) \tag{9.26}$$

と書ける。一方、$h(t)$ を正弦波の重ね合わせで表すと、

$$h(t) = -\frac{1}{\pi i}\int_{-\infty}^{\infty}\frac{e^{i\omega' t}}{\omega' - \omega}d\omega' \tag{9.27}$$

となるので、

$$h(t) \quad \Rightarrow \quad -\frac{1}{\pi i}\int_{-\infty}^{\infty}\frac{\Phi(\omega')e^{i\omega' t}}{\omega' - \omega}d\omega' \tag{9.28}$$

となる。$t = 0$ における応答を式 (9.26) と式 (9.28) とで等しいとおくと

$$\Phi(\omega) = \frac{-1}{\pi i}\int_{-\infty}^{\infty}\frac{\Phi(\omega')}{\omega' - \omega}d\omega' \tag{9.29}$$

という式が得られる。この式は周波数応答の実部と虚部が独立でないことを示しており、Kramers-Kronig の関係式と呼ばれている。

2.4 線形回路の周波数応答

線形回路の周波数応答を考えてみよう。重要なことは、線形回路の一箇所に電圧または電流を正弦波で入力すると、他の全ての電流、電圧は入力と同じ周波数の正弦波として応答するという事である。言い換えると、全ての電流、電圧の時間依存性を $e^{i\omega t}$ とおくことができる。この事を用いて、図 9.1 で示した RC 回路の周波数応答を考えてみよう。

まず、$V_{\text{in}} = V_{\text{in}}^0 e^{i\omega t}, V_{\text{out}} = V_{\text{out}}^0 e^{i\omega t}, I = I^0 e^{i\omega t}$ を式 (9.1),(9.3) に代入すると

$$V_{\text{in}}^0 - V_{\text{out}}^0 = I^0 R \tag{9.30}$$

$$I^0 = i\omega C V_{\text{out}}^0 \tag{9.31}$$

となる。（時間微分演算子 $\frac{d}{dt}$ が定数 $i\omega$ に置換された事に注意しよう。）

2 式 (9.30)、(9.31) から I^0 を消去すると

$$\frac{V_{\text{out}}^0}{V_{\text{in}}^0} = \frac{V_{\text{out}}}{V_{\text{in}}} = \frac{1}{1 + i\omega RC} \tag{9.32}$$

と計算できる。フィルター回路において、このような入出力電圧信号の比を、フィルター回路の周波数特性と呼ぶ。この式は低い周波数では1、高い周波数では0になるので、低い周波数を通過させ、高い周波数を遮断することがわかる。このようなフィルターを low pass filter(LPF) と呼ぶ。逆に、高い周波数を通し、低い周波数を遮断するフィルターを high pass filter (HPF) と呼ぶ。今考えている回路で、RとCを入れ替えるとHPFになる。これ以外に、特定の周波数帯域を通過させるフィルタを band pass filter(BPF), 特定の周波数帯域を取り除くフィルタを band eliminate filter (BEF) と呼ぶ。

2 式 (9.30)、(9.31) から V_{out}^0 を消すと

$$\frac{V_{\text{in}}^0}{I^0} = \frac{V_{\text{in}}}{I} = \frac{1 + i\omega RC}{i\omega C} \tag{9.33}$$

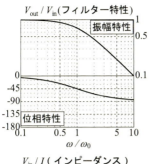
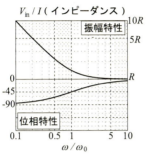

図 9.3: RC 回路のフィルターとしての特性と、入力インピーダンス。$\omega_0 = (RC)^{-1}$ とおいた。

と計算できる。このような、回路の入力電圧と入力電流の比として得られる周波数応答を回路の入力インピーダンス (impedance) と呼ぶ。今考えているRC 回路のように電流端子を二つ（電圧入力の端子と GND）しか持たない単純な回路の場合には、単にインピーダンスと呼ぶことが多い。式 (9.31) はキャパシタ C のインピーダンスが $1/i\omega C$ であることを示している。出力電流がある回路の場合には、出力電圧と出力電流の比を出力インピーダンスと呼ぶ。

回路上の各素子のインピーダンスをあらかじめ求めておけば、微分方程式を立てなくても、キルヒホッフの法則を用いて周波数応答が計算できる。キャパシタの他に、インダクタ（自己インダクタンス L）のインピーダンスが $i\omega L$ となることは自己インダクタンスの定義（付録参照）から容易に計算できるが、憶えておくと便利である。

線形回路の周波数応答にはこれ以外にも幾つかの固有な名称がある。インピーダンスの実部を抵抗 (resistance)、虚部をリアクタンス (reactance) と呼ぶ。インピーダンスの絶対値を単にインピーダンスと呼ぶことも多い。またインピーダンスの逆数をアドミッタンス (admittance) と呼び、その実部をコンダクタンス (conductance)、虚部をサセプタンス (susceptance) と呼ぶ。アドミッタンスは電圧を入力、電流を応答とみなした周波数応答関数である。

2.5 線形回路素子のエネルギー

回路中に接続されたキャパシタやインダクタは、端子にかかる電圧や流入する電流によってエネルギーを蓄えている。キャパシタ C の場合、電流 I と電圧 V の関係は

$$I = C\frac{dV}{dt} \tag{9.34}$$

となるので、素子に供給されるエネルギーは、$I = 0, V = 0$ の状態から電力 IV を積分して

$$\int IV\,dt = \int CV\frac{dV}{dt}dt = C\int_0^V V\,dV = \frac{1}{2}CV^2 \tag{9.35}$$

である。この状態から逆に $I=0, V=0$ に戻す過程を考えると $\int IV dt = -\frac{1}{2}CV^2$ となり、供給された分のエネルギーを端子から放出することが分かる。したがって、キャパシタが $\frac{1}{2}CV^2$ のエネルギーを蓄えていたと考えてよい。キャパシタが蓄えているエネルギーの実体は、極板間の電気エネルギーである。

インダクタ L の場合、電流 I と電圧 V の関係は

$$V = L\frac{dI}{dt} \tag{9.36}$$

となるので、素子に供給されるエネルギーは、$I=0, V=0$ の状態から電力 IV を積分して

$$\int IV dt = \int LI\frac{dI}{dt}dt = L\int_0^I I dI = \frac{1}{2}LI^2 \tag{9.37}$$

である。上と同様の考察により、$\frac{1}{2}LI^2$ はインダクタが蓄えるエネルギーである。インダクタが蓄えているエネルギーの実体は、コイル中の磁気エネルギーである。このように、キャパシタやインダクタは電流や電圧の二乗に比例したエネルギーを蓄えることができるので、これらを含む回路全体のエネルギーもまた、電流や電圧の二乗に比例する。

抵抗 R の場合、

$$\int IV dt = R\int I^2 dt > 0 \tag{9.38}$$

となるので、常に端子から抵抗にエネルギーを供給する一方であり、抵抗が端子からエネルギーを放出することはできない。つまり、抵抗はエネルギーを蓄えずに消費する。消費エネルギーは、熱などのなんらかの形で回路の外に放出される。

インピーダンス $Z = R + iX = |Z|e^{i\delta}$ を持つ素子に正弦波の交流電流 $I = I_0 \cos\omega t$ を流したときのエネルギーの出入りを考えてみると、素子に供給される電力 P は

$$\begin{align}
P &= IV = I_0\cos\omega t \times |Z|I_0\cos(\omega t + \delta) \tag{9.39}\\
&= RI_0^2\cos^2\omega t - XI_0^2\sin\omega t\cos\omega t \tag{9.40}\\
&= \frac{1}{2}(1+\cos 2\omega t)RI_0^2 - \frac{1}{2}\sin 2\omega t X I_0^2 \tag{9.41}
\end{align}$$

となる。抵抗に関係した右辺第一項を P_R、リアクタンスに関係した第二項を P_X とおくと、図のようになる。P_X は原点を中心に 2ω で振動しているため、一周期で積分するとゼロになる。つまりリアクタンスはエネルギーを消費せず、蓄える働きを持つ。P_R も 2ω で振動しているが、上で述べたように常に正であり、消費電力を意味している。これを時間平均すると $\frac{1}{2}RI_0^2$ となる。

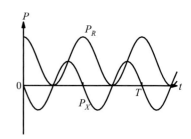

図 9.4: 正弦波による電力供給

B 実験

1 実験1：LEDとフォトダイオードの電流電圧特性

1.1 目的

LEDやフォトダイオード電流電圧特性を理解する。

1.2 フォトダイオード

フォトダイオードは、光を電気信号に変換する代表的な光センサである。光の検出には内部光電効果を利用しており、半導体に入射した光により発生した電子とホールを光電流として取り出す。最適な材料は検出したい波長によって異なるが、可視光から1 μm程度まではSi（シリコン）、1~1.7 μm程度の近赤外域ではInGaAs（インジウム–ガリウム–砒素）がよく用いられている。機能や構造によって、PNフォトダイオード、PINフォトダイオードやAPD（アバランシェ・フォトダイオード）などがある。フォトダイオードは入射光強度に対する直線性が優れている、雑音が小さい、感度波長範囲が広い、小型・軽量で使いやすい、寿命が長いなどの利点がある。

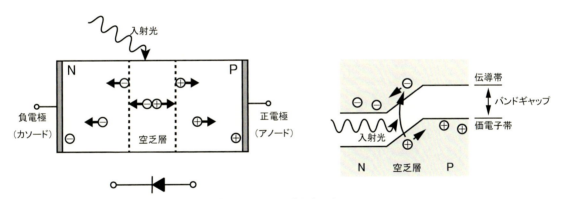

図 9.5: フォトダイオード

図9.5にPN接合型フォトダイオードの断面の模式図（左図）とエネルギー状態（右図）を示した。フォトダイオードに入射した光は、その波長に応じてP層、空乏層、N層まで到達する。光のエネルギーがバンドギャップ（シリコンの場合、室温で1.1 eV）よりも大きいと、価電子帯の電子は伝導帯へ励起され、価電子帯にはホールが残る。この電子とホールのペアはP層、空乏層、N層のどこでも発生し、いくつもの電子–ホール対を作る。P層の空乏層近くで発生した電子とホールは拡散し、空乏層に到達した電子は空乏層中の電界によってN層へ、ホールはP層へ加速される。N層で発生した電子、ホールも同様に、ホールはP層へ、電子はN層に蓄積される。このようにして電子はN層、ホールはP層に集まった状態になる。このときN層側にマイナス電極、P層側にプラス電極を付けて外部回路を接続すると、N層からは電子が、P層からはホールがそれぞれ反対側の電極へ向って流れ、電流が発生する。

本実験で使用するフォトダイオード（PD）はPIN型フォトダイオードである。この場合はP層とN層との間に抵抗の大きいI層（intrinsic, 真性半導体）が挿入されている。I層は空乏層を厚くしたのと同じよ

第9章 エレクトロニクス

うに働くが、強い電界を作れるため電子とホールが高速で移動する。つまり応答速度が速いので、周波数の高い信号を受信する場合によく利用される。このような違いがあるものの、基本的な動作原理は PN 接合型と同様であると考えて良い。

外部回路の雑音を無視してフォトダイオード単体に着目すると、光検出能力を決めるのは暗電流である。これは光をまったく当てない暗状態での出力電流を指す。

1.3 ダイオードの電流電圧特性

ダイオードの電流 – 電圧特性を表す式として、ダイオード方程式と呼ばれる下記の式がよく知られている。

$$I = I_\mathrm{s}\left\{\exp\left(\frac{eV}{nk_\mathrm{B}T}\right) - 1\right\} \quad : n = 1 \sim 2 \tag{9.42}$$

ここで V は印加電圧（順方向は正、逆方向なら負）、k_B はボルツマン定数、T は温度、e は素電荷を示す。この式で $V \gg k_\mathrm{B}T/e$ の領域では $\ln I = \frac{eV}{k_\mathrm{B}T} + \mathrm{const.}$ となるので、I-V 特性の片対数グラフは直線となる。その切片と傾きから I_s と n が決定できる。図 9.6 にシリコン接合ダイオードの広範囲（順方向）での I-V 特性（片対数グラフ）を示す。この図は4つの直線領域（低電圧側から、(1)～(4)）を含んでおり、広範囲の特性全体を一つのダイオード方程式で表現できない事を示している。(1)～(3) はそれぞれ再結合電流領域、拡散電流領域、高注入領域と呼ばれ、n の値はそれぞれ $\approx 2, 1, 2$ となる事が知られている。(4) の領域は空乏層以外の電気抵抗が無視できなくなる領域であり、$n > 2$ となる。なお、(1) の左側の曲線は $V \gg (k_\mathrm{B}T)/e$ の条件を満たさなくなり、$V \to 0$ とともに $I \to 0$、即ち $\log I$ が $-\infty$ に発散する領域である。

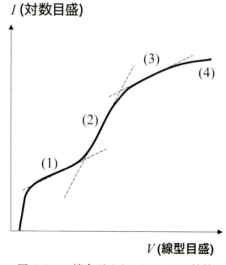

図 9.6: pn 接合ダイオードの I–V 特性

1.4 実験方法

1) LED 回路の電流 – 電圧特性の測定

単一波長 590 nm の光源とみなせる LED と抵抗器が直列に繋がった回路が与えられている。接続方法によって2つの抵抗器を使い分けることができる。与えられた LED 回路に外部から加える電圧と、LED

B. 実験

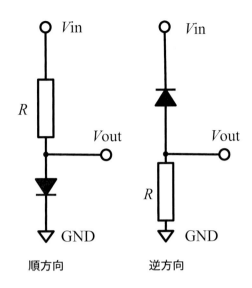

図 9.7: *I–V* 特性の測定

に流れた電流との関係を求める。電圧計付きの直流電源を用いて電圧を印加し、流れた電流は直列抵抗器両端電圧から計算する。その際、電圧測定器（デジタルボルトメータ：DVM）の内部抵抗は、用いている直列抵抗器の抵抗値よりも十分に大きいと仮定してよい。また、与えられた回路上にはスイッチングダイオードが LED と並列に接続されているが、これはフォトダイオードに過大な逆電圧が掛かって破壊されるのを防ぐためである。

2) 暗条件下でのフォトダイオードの順方向電流 – 電圧特性の測定

図 9.7 の「順方向」を参照して測定系を組み立て、外部から順方向にかけるバイアス電圧を変えながら、流れる電流の変化を求める。その際、フォトダイオードに過大な順電流が流れて破壊されるのを防ぐため、用いる抵抗器は必ず 10kΩ 以上の物を用いる事。また、ここでもバイアス電圧は電圧計付きの直流電源から供給する。電流は電流計で直接計測するのではなく、フォトダイオードに直列に抵抗器を接続し、その両端電圧を DVM で検出して算出すること。フォトダイオードに光が当たらない状態で計測を行うこと。

課題 1

LED 回路全体に掛けた電圧（横軸）と LED に流れた電流（縦軸）の関係を示すグラフを用いた直列抵抗器に応じて 2 つ作成せよ。ただし、スイッチングダイオードに流れた電流は無視してよいものとする。また、実験に用いた直列抵抗器のコンダクタンスとグラフの傾きを比較して、実験結果を考察せよ。

課題 2

フォトダイオードに掛かっている電圧（横軸）とフォトダイオードに流れた電流（縦軸）の関係を示すグラフを作成せよ。ただし、縦軸は対数目盛にすること。また、得られたグラフと図 9.6 を比較せよ。

2 実験2：フォトダイオードと抵抗器による光計測

2.1 目的

フォトダイオードに光が照射されると逆方向に電流が発生する。電流の経路に抵抗器Rを直列で入れれば、R両端の電位差から光照射が検出できる。この方法はフォトダイオードを用いた最も単純な光計測方法であり、簡便な光計測手法として、もしくは高速な光計測手法としても用いられる。本実験では照射された光量とRに発生する電位差の関係を実験的に調べ、この方法の問題点を明らかにする。

2.2 抵抗器を用いた光計測回路とフォトダイオードの特性モデル

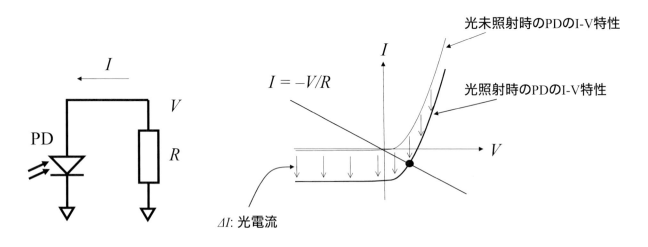

図 9.8: 抵抗器 (R) とフォトダイオード (PD) を用いた光計測回路と光照射下でのフォトダイオード特性モデル

抵抗器（R)とフォトダイオード（PD）を直列に繋ぎ、抵抗の両端電圧を計測する事を考える。光電流はダイオードにとって逆方向に発生する事を考慮する。また、光照射下でのフォトダイオードの特性モデルとして以下の仮定をおく。

1) 未照射時のフォトダイオードの電流ー電圧特性がダイオード方程式に従う。
2) LEDに流した電流に比例した個数の光子がフォトダイオードに到達し、バイアス電圧によらず一定の確率でこの光子が光電流に変換される。
3) 光照射時のフォトダイオードの電流電圧特性は未照射時の特性に光電流を加えた物になる。

2.3 実験方法

1) 光計測

LEDをスライドレールに固定して点灯し、フォトダイオードに光が当たるようにする。図9.7の「逆方向」を参照して測定系を組み立て、フォトダイオードにかけるバイアス電圧を0Vに設定し、LEDの明るさを変えながら、フォトダイオードに直列で繋がった抵抗器の両端電圧を計測する。この際、バイア

ス電源としてファンクションジェネレータを用いる事。またフォトダイオードの直列抵抗器は 1MΩ 程度の物を用いる事。LED の直列抵抗器は既設の 2 つとも用いる事。

2) 光照射によるフォトダイオードの電流電圧特性の変化

(1) と同じ実験系を用いる。接続したファンクションジェネレータから直流電圧を加え、光未照射時と照射時のフォトダイオードの電流電圧特性を計測する。この際、ファンクションジェネレータが出力する直流電圧値はファンクションジェネレータ上での表示値とは異なっているので、テスターで値を確認する必要がある。また、光照射条件としては、実験 1 と同じ照射距離（5cm）とし、LED に流す電流値は一つで良い。但し、照射時と未照射時の差が検出できない場合には電流値を増やす必要がある。

課題 3

バイアス電圧 0V の場合について、LED に流れた電流（横軸）と抵抗器に発生した電圧（縦軸）の関係を示すグラフを LED の直列抵抗器毎に計 2 つ作成せよ。また、図 9.8 に示した特性モデルを用いて、上に凸のグラフが得られる理由を説明せよ。

課題 4

光未照射時および光照射時のフォトダイオードの両端電圧（横軸）と流れた電流（縦軸）の関係を、一枚のグラフに表せ。ただし、外部からのバイアス電圧とフォトダイオードの両端電圧が異なる事に注意する事。また、この結果から図 9.8 のモデルの検証を試みよ。

3 実験 3：ローパス・フィルタ

3.1 目的

光検出回路のノイズを低減する場合に、信号の通過帯域幅を狭めるという方法は有効である。この実験では、高周波数のノイズを除去するためのローパスフィルタの動作を、測定によって理解する。

3.2 オペアンプ（operational amplifier）

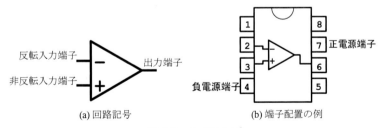

図 9.9: オペアンプ

オペアンプは比較的低い周波数（型によるが、せいぜい数 10MHz 以下）で使用する増幅器であり、IC の一種として市販されている。図 9.9(a) は回路図上での記号である。オペアンプは二つの入力端子の電位差を増幅して出力する。オペアンプは以下の二つの重要な性質を持つ。

1) 増幅率が非常に大きい（例えば 10^4 倍程度）。但し、不安定である。

2) オペアンプの入力抵抗は極めて大きい（例えば $10^8\,\Omega$）ため、入力端子からオペアンプに入る電流は通常は無視できる。

ほとんどの実用的な回路においては、出力端子からの信号を途中に適当な回路を通してから反転入力端子に戻す。これは入力端子間の電位差を小さくする方向に働くので、有限の安定した出力が得られる。一般に、出力を入力に戻すことを帰還 (feed back) というが、特に今のように、出力を抑える帰還を負帰還という。例として、オペアンプを用いた二つの増幅回路を図に示す。

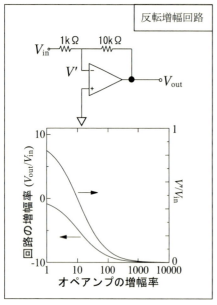 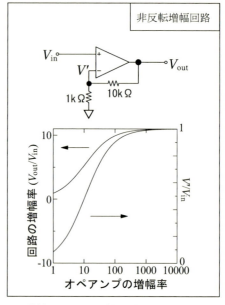

図 9.10: オペアンプを用いた、増幅回路の例。グラフ中の矢印は曲線がどちらの軸に属するかを示す。オペアンプの増幅率が十分に大きいならば、回路の増幅率は、それぞれ -10 倍と $+11$ 倍に収束する。また、反転入力端子の電圧 (V') は非反転入力端子の電圧にほぼ一致する。

　オペアンプの入力抵抗を無限大として回路の増幅率を計算すると、オペアンプの増幅率が十分に大きければそれぞれ一定値（-10 倍と $+11$ 倍）に収束する。この様に、負帰還は回路の増幅率を安定させ、オペアンプの増幅率にはほとんど依存しないように設計できる。また、この時、二つの入力端子の電位差はほとんどゼロになるので、電位だけをみれば入力端子はあたかも短絡したように見える。このことを仮想短絡 (virtual short) という。現実には入力端子のインピーダンスは高いのだから短絡している訳はなくて、両入力端子間の電圧がほぼ一致するまで負帰還がかかるという意味である。

　実際のオペアンプ IC は様々なものがあるので、個別に仕様などを調べなければならない。例えば、一つの IC に複数のオペアンプが内蔵されていることも多い。図の 9.9(b) は本実験で用いるオペアンプの端子配置である。入出力端子の他に、正負の電源端子があることに注意すること。また、実際には調整用の端子があるが、本実験では使用しないため省略してある。電源端子に交流のノイズが入力すると多くの回路は不要な発振を起こす事が多いため、コンデンサを通してノイズをグラウンドに逃がしてやる必要がある。この時コンデンサはローパスフィルタとして働いている。このようなノイズ低減の為のコンデンサはパスコン (bypass condenser) と呼ばれることもある。電源端子やパスコンは回路図から省略されていることが多い。

B. 実験

3.3 実験方法

1) ローパスフィルタのステップ応答

図 9.11 を参考にオペアンプを用いたローパスフィルタを作成し、ステップ関数入力に対する応答を計測する。回路はオリジナル実験基板 (OU-Board ver.1) を用いて作成する。オペアンプはオリジナル実験基板上にすでに設置してあり、ネジとナットによって、半田付けを用いることなく、抵抗 R1、抵抗 R2、コンデンサ C1 および各配線を接続できる (R1、R2 の値は実験時に指定する)。ローパスフィルタが作成できたら、ファンクションジェネレータ、オシロスコープ、オペアンプの電源と接続する。この時、オシロスコープの ch1 にファンクションジェネレータからの入力、ch2 にローパスフィルタの出力を表示させる。ファンクションジェネレータの設定を変え、周波数 1Hz、片振幅 1V、オフセット 1V のステップ関数を生成し、ローパスフィルタに入力する。

2) ローパスフィルタの評価

ローパスフィルタに正弦波を入力し、その評価を行う。ファンクションジェネレータを操作して、周波数 100Hz の正弦波を発生させ、振幅を大まかに変えながら、ローパスフィルタに入力すると同時にオシロスコープで計測する。次に、振幅を適宜調整し、周波数を変えながら、ローパスフィルタに入力すると同時に、オシロスコープで計測する。

課題 5

実験方法 1) において、オペアンプのカーソル機能を用いてファンクションジェネレータからの入力とローパスフィルタからの出力を読み取り、横軸時間、縦軸電圧のグラフを作成せよ。R1 に流れる電流は、R2 に流れる電流と C1 に流れる電流の和に等しいことを考慮して微分方程式を立て、Vout を時間の関数として算出せよ。算出した理論式とオシロスコープで読み取ったグラフを比較することでコンデンサの容量 C1 を決定せよ。

課題 6

実験方法 2) において、正弦波周波数を 100Hz に固定して振幅を変化させた際、出力信号が歪み、その上下が一定値に飽和しているのは、オペアンプの仮想短絡が実現していないことを意味している。用いているオペアンプの電源電圧に注意すると、これはどのような事を示しているか説明せよ。次に、振幅を 100mV に固定し周波数を変化させた際の、横軸周波数、縦軸増幅率の両対数グラフを作成し、そこからカットオフ周波数を決定せよ。R1、R2、および課題 5 で求めた C1 からカットオフ周波数の理論値を求め、測定値と比較せよ。さらに、カットオフ周波数より高周波数領域でグラフが直線的に下がっていく領域の傾きを dB(デシベル)/oct(オクターブ)単位で示せ。

第 9 章 エレクトロニクス

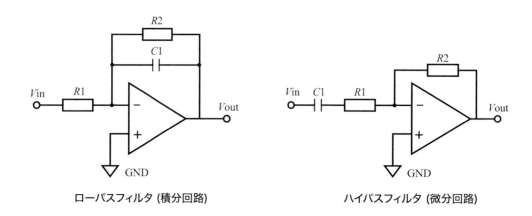

図 9.11: オペアンプを用いたフィルタ回路

4 実験 4：光検出回路の製作と評価

4.1 目的

フォトダイオードとオペアンプを用いて光検出回路を作り、入射光量と検出器の出力電圧との関係を調べる。実験 2 の方法でも光計測は実現したが、物理計測においては電流 – 電圧変換回路を用いた本実験の方法が一般的である。

4.2 実験方法

1) 図 9.12 を参考に、オリジナル実験基板 (OU-Board ver.1) を用いてオペアンプを用いた電流-電圧変換回路を作成する。回路が作成できたら、フォトダイオード、直流電源、電流-電圧変換回路、デジタルボルトメータを接続する。この時、直流電源の出力は 0V に固定する。次に、スライドレール上で LED とフォトダイオードの距離を実験 2 のもの (5cm) と揃え、LED に直流電源を接続する。LED にかける電圧を変化させながら、デジタルボルトメータの値を記録する。この操作を LED の直列抵抗器毎に行う。

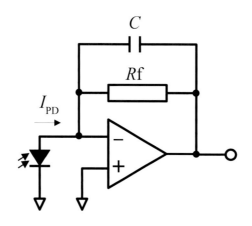

図 9.12: 電流-電圧変換回路

C. 付録

課題 7

横軸に LED に流れた電流、縦軸に電流-電圧変換回路の出力電圧を取り、グラフを LED の直列抵抗器毎に作成せよ。光電効果によって生じた電流は電流-電圧変換回路 Rf にも流れる。仮想短絡を元に、横軸に LED に流れた電流、縦軸に光電流を取ったグラフを LED の直列抵抗器毎に作成せよ。課題 3 の結果と比較して違いを挙げ、その原因を説明せよ。

課題 8

フォトダイオードの検出感度は 0.3A/W である。LED の発光波長 590nm でのフォトダイオードの量子効率 η'(入射光子 1 個当たりの光電子の発生確率) は何%になるか算出せよ。フォトダイオードの受光面積は 7.5mm^2、LED の発光領域は十分に狭い平面であり、光子の単位立体角あたりの放出数は正面からの角度 (θ) に対して $\cos\theta$ に比例する。これらの仮定で、LED に流れた電流 (I_{LED}) と光電流 (I_{PD}) の比から、LED の外部量子効率 η を算出する式を求めよ。課題 7 の実験結果を元に、横軸に I_{LED}、縦軸に η を取ったグラフを作成し、LED の外部量子効率が I_{LED} によらず一定かどうか検証せよ。

C 付録

1 測定誤差

1.1 電子回路に起因する雑音

測定値の不定性には、測定の際の読み取り誤差や測定器に付随する不定性の他、電子回路自身の雑音が寄与する。観測されるノイズはさまざまな原因で発生しているノイズの重ね合わせであると考えられ、ノイズ源の間に相関関係がないとすれば、各ノイズ成分の 2 乗和の平方根で表される。以下に、本実験に関連が深いノイズ源について簡単に述べる。

1) 熱雑音（ジョンソンノイズ）

抵抗 (R) の内部で発生する、特定の周波数を持たないノイズである。電子の熱攪乱により電荷がランダムに動いて抵抗を通過すると、電荷の瞬間的な変動の割合とそれに該当する抵抗値の積に対応するノイズ電圧が発生する。

$$v_j = \sqrt{4kTR\Delta f}$$

で表される。ここで k はボルツマン定数、Δf は帯域幅 [Hz] である。

2) オペアンプの入力電圧・電流ノイズ

オペアンプの内部の回路には抵抗や半導体素子が使われている。そこでは熱雑音、ショット雑音や分配雑音などさまざまな要因でノイズが発生するが、それらをまとめて簡単に取り扱うために、現実のオペアンプはノイズのないオペアンプとノイズ電圧源 e_{on}、ノイズ電流源 i_{on} で成り立っていると考える。増幅回路において電圧性ノイズを評価するには、ノイズ・ゲインを用いると便利である。ノイズ・ゲインは回路を非反転増幅器として用いた場合の増幅率に相当し、入力電圧ノイズはノイズ・ゲイン倍されて出力に出てくる。あるいは、フォトダイオードの等価抵抗を Z_{pd} とするとノイズ電流 $\Delta I = \Delta V/Z_{pd}$ が帰還抵抗 R_f に流れるため、入力電圧ノイズは $(Z_{pd}+R_f)/Z_{pd}$ 倍されると考えれば良い。

145

第9章　エレクトロニクス

また、入力電流ノイズは帰還抵抗を通って電圧に変換され、出力電圧に現れる。すなわち、帰還抵抗が大きいほど出力に現れるノイズは大きくなる。

3) オペアンプのオフセット電圧

オペアンプの仮想短絡が理想的に成立しているなら、二つの入力端子は同電位になるはずであるが、実際にはずれが生じる。このずれをオフセット電圧と呼ぶ。オフセット電圧が常に一定なら補正が容易だが、実際には温度依存性などによる揺らぎ（ドリフト）を伴うため、直流信号計測においては主要な誤差要因になる。オフセット電圧値は当然オペアンプの型番や個体によって異なるが、数 mV 程度の値を持つ事が多い。

1.2　真の値からのずれ

ある量を測定したとき、測定値は真の値からずれている。あらゆる種類の測定において、このずれ量、つまり誤差を適切に評価することが大事である。また、誤差を小さくして精度の良い測定を行うことで、真の値の取得に近づくことができる。誤差には大きく分けて2種類ある。ひとつはランダム誤差、もう一つが系統誤差である。前者は測定のたびにばらつき、測定回数を多くすることで測定の平均値を真の値の良い近似とみなすことができるようになる。後者はある一定の値を示し、再現性がある。たとえば測定に用いるものさしの当てかたが常に間違っているといった場合である。系統誤差については原因が分かっていれば補正が可能であることも多い。

偶然誤差の場合を考える。数学的に言えば測定値は確率変数であり、ある確率分布に従う。また、有限回の測定という操作は、起こり得る結果の無限個の母集団から標本を取り出すことに相当する。代表的な母集団分布が正規（ガウス）分布とポアソン分布である。

1) ポアソン分布

個々の事象は互いに独立に起こり、かつ一定時間内でその事象が起こる回数に平均値が存在する場合に、その事象が起こる確率はポアソン分布で記述される。例えば、ある面積に、ある時間内に落ちてくる雨滴を数えるとする。雨滴は互いに独立に落ちてくると考えられ、また空間的、時間的に一様に降っている場合、雨滴の数を何度か数えれば平均値が存在する。

このポアソン分布は2項分布の考えを発展させたものである。2項分布の例として有名なのがコイン投げである。表か裏どちらか一方が出る確率を p としてこれを n 回試行したとき、その事象が x 回起こる確率は

$$P = \frac{n!}{(n-x)!x!}p^x(1-p)^{n-x}$$

で表される。この分布では平均値は $\mu = np$、標準偏差は $\sigma = \sqrt{np(1-p)}$ である。ここで平均値 np を保ったまま $p \to 0,\ n \to \infty$ の極限を考えるとポアソン分布が得られ

$$P_p = \frac{\mu^x}{x!}e^{-\mu}$$

となる。ポアソン分布では平均値と分散が等しい。物理では、放射性試料からランダムに放出される粒子数や、天体からやってくる光子を数えるときに得られる。（ただしどんな光でもポアソン分布になるわけではなく、光子数の統計的分布は光源の性質に依存する。光＝ポアソン分布と暗記しないように。）

2) 正規分布

ポアソン分布は離散確率変数の分布であるが、変数が連続量とみなされる場合は正規分布に従う。例え

ば、2項分布においてpを有限にしたまま$n \to \infty$とすると正規分布が得られる。

$$P_g = \frac{1}{\sqrt{2\pi}} \frac{1}{\sigma} e^{-(x-\mu)^2/2\sigma^2}$$

実験データ処理で測定誤差を導出する際には、測定値の正規分布を暗黙のうちに仮定することが多いが、正規分布にならない誤差分布もあることを気に留めておく必要がある。（参考：中心極限定理）

2 電磁気学の復習

2.1 磁化と透磁率

磁場Hと磁束密度Bを区別しているのは、物質が磁化するためである。ここでは電磁気学の観点から物質の磁化について復習しておく。物質の磁化は物質中の磁気双極子によってもたらされる。（その具体的中身については磁性物理学の範疇である。）

磁気双極子の大きさ（磁気モーメント）を定義する方法は教科書によって異なっており、磁荷$\pm Q_m$(Wb)が距離d(m)離れている棒磁石だと考えて、

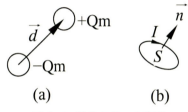

図 9.13: 磁化の2つの定義

$$Q_m \vec{d} \ (\text{Wb} \cdot \text{m}) \qquad \vec{d}: -Q_m \text{から} +Q_m \text{に向くベクトル} \tag{9.43}$$

とする方法（図 (a)）と、面積$S(\text{m}^2)$の円周を電流I(A)が回っている円電流と考えて、

$$\vec{m} = SI\vec{n} \ (\text{A} \cdot \text{m}^2 = \text{J/T}) \qquad \vec{n}: \text{円電流の垂線方向ベクトル} \tag{9.44}$$

とする方法（図 (b)）が両立している。両者は単位も異なり、別の定義方法である。前者をμ_0で割ると後者と同じになる。ここでは国際標準であるSI単位系に従い、円電流を用いた後者の定義によって決まる量を磁気モーメントと呼ぶことにする。また、$\vec{m}$の単位体積辺りの密度を物質の磁化M(A/m)と定義する。

$$\vec{M} = \sum_V \vec{m}/V \tag{9.45}$$

このように定義された磁化は磁束密度B、磁場Hと

$$\vec{B} = \mu_0(\vec{H} + \vec{M}) \tag{9.46}$$

という関係にあることを理解しておかなければならない。多くの物質では、外部から磁場を与えなければ、多数の磁気双極子はそれぞれランダムな方向を向くので、互いに打ち消しあい、磁化はゼロになる。このような物質の場合、磁場が小さい場合には、両者は比例関係にあるので

$$\vec{M} = \chi \vec{H} \tag{9.47}$$

第9章　エレクトロニクス

と書ける。比例定数は χ のことを磁化率という。ガラスや液体など等方的な物質では、磁化率はスカラー量であり、$\vec{M}$ と $\vec{H}$ は同じ向きか逆向きになる。また、式（9.46）に代入すればすぐ分かるとおり、磁束密度と磁場は同じ向きか逆向きで比例しており、比例定数である透磁率は

$$\mu = \mu_0(1 + \chi) \tag{9.48}$$

と書け、磁化率と簡単な関係にあることが分かる。一般には、磁化率や透磁率は周波数応答関数として表す必要がある上、異方性を持つ場合にはテンソル量として扱う必要がある。

2.2　自己インダクタンスとは

電子回路に流れる電流は Maxwell 方程式の

$$rotH = i + \frac{\partial D}{\partial t} \tag{9.49}$$

に従って磁場を発生する。通常、電子回路を考える上では電流と電束電流は区別しないので、これを I とおくと、電子回路の外部からの磁場が無視できる場合には、磁場の分布は I の関数と考えてよい。

$$H = H(I) \tag{9.50}$$

例えば、直線電流が作る磁場は、高校物理で学んだように

$$H = I/2\pi r \qquad r：直線電流からの距離 \tag{9.51}$$

で与えられる。ここで、回路に流れる電流を微小に増加させることを考えよう。電流の増加は磁場の増加を伴い、磁束密度の増加をもたらす。磁束密度は磁場に比例している場合には

$$B = \mu H \qquad \mu：透磁率 \tag{9.52}$$

で与えられる。磁性体の場合には、磁場が強くなってくると磁化（$M = B/\mu_0 - H$）の飽和とともに磁束密度も飽和してくる。この場合には磁束密度は単に磁場の関数として

$$B = B(H) \tag{9.53}$$

と表しておく。（B と H の関係については、別のセクションで改めて解説する。）磁束密度の変化は Maxwell 方程式

$$rotE = -\frac{\partial B}{\partial t} \tag{9.54}$$

に従って電場を生じ、これを回路に沿って積分すると起電力が計算される。

$$\int E \cdot dl \tag{9.55}$$

式（9.54）の負号は、起電力の変化が磁束の変化を妨げる向きに生じることを意味しているので、今の場合には電流の増加を妨げる向きに働くことになる。この起電力を

$$- L\frac{dI}{dt} \tag{9.56}$$

148

C. 付録

と書いたとき、L を自己インダクタンスと呼ぶ。回路が変形せず、磁場と磁束密度が比例している場合には、L は電流値 I によらない定数とみなすことができる。電流を増加させるには、自己インダクタンスによる起電力と釣り合った電圧

$$V = L\frac{dI}{dt} \tag{9.57}$$

を加える必要があるため、電流を増加させるには外部から仕事をする必要がある。電流値をゼロから I まで増加させるのに必要な仕事 W_m は

$$W_\mathrm{m} = \int L\frac{dI}{dt}dt \tag{9.58}$$

となる。これは磁場を発生させるのに要したエネルギーであり、蓄えられた磁場のエネルギーと一致する。L が I によらない定数の場合には

$$W_\mathrm{m} = \frac{1}{2}LI^2 \tag{9.59}$$

となり、これは高校物理で見慣れた式だろう。一般に回路の自己インダクタンスを計算するのは容易ではなく、特に GHz などの高い周波数を扱う回路では、経験的に求めたり、コンピュータによる数値計算を行う必要がある。更に、このような高い周波数では、回路からの電磁波の放射も考慮しなければならなくなる。

　低い周波数領域では、磁場の時間変動が遅く小さいため、磁性体に導線を巻いたコイル以外では、自己インダクタンスは無視できる場合が多い。コイル 1 巻きに発生する起電力は

$$E \cdot dl = \int rotE \cdot dS = -\int \frac{\partial B}{\partial t}dS = -\frac{d\Phi}{dt} \quad \text{(Φ: コイルを垂直に貫く磁束)} \tag{9.60}$$

となるので、コイル全体での起電力は

$$-L\frac{dI}{dt} = -N\frac{d\Phi}{dt} \quad N:\text{巻き数} \tag{9.61}$$

と計算される。両辺を積分すると

$$LI = N\Phi \tag{9.62}$$

という関係式が得られる。

3　実験上のヒント

3.1　入出力インピーダンス

　複数の素子間で電圧を正確に受け渡す際には、入力・出力インピーダンスを気にする必要がある。例えば、ジェネレータから 1 V の電圧を供給する場合を考える。出力インピーダンスとは、この 1 V の出力の先に、ジェネレータに付随する抵抗が直列に接続されていると思えば良い。ここで、この抵抗が 50 Ω であるとする。もし電圧を供給する先の回路の入力インピーダンスが ≪50 Ω であった場合、50Ω の抵抗には 1 V に近い電圧が加わることになり、大きな電流が流れて負荷がかかると同時に、電圧降下が生じ、回路に 1 V を供給することができない。つまり、電圧を正確に受け取るためには、受け取る側の回路になるべく電流を流さないようにする必要がある。入力インピーダンスが無限大であれば理想的な状態であるが、実際には、入力信号を発生させている装置・素子の出力インピーダンスよりも十分大きければよい。また、電圧を正確に外へ渡すには、出力インピーダンスがその後段の回路のインピーダンスに比べてずっと小さければ良い。

　なお、ケーブルの長さを信号が通過する時間が無視できなくなるような高い周波数帯域では、端子での信号の反射を考慮する必要が出てくる。このような場合には信号源の出力インピーダンスと検出器の入力インピーダンスを一致させるインピーダンスマッチングが必要になってくるが、本実験では気にする必要はない。

第9章 エレクトロニクス

3.2 ハンダ付け

450 ℃以下で溶融して、固体を接合するのに用いられる金属を一般にハンダという。電子工作では、銅と銅を接合する必要があり、鉛とスズの合金が用いられる[1] 。ハンダ付けの出来上がりにおいて重要な事は、接合する二つの対象物の隙間にハンダが薄く広がり、対象物とハンダの境界面が機械的に（電子工作の場合には電気的にも）しっかりと接合している事である。電子工作の場合、しっかりとした接合はハンダと銅の境界面でごくわずかに合金化（主に Cu_6Sn_5 の生成）が起こっていることで実現する。しかし、この合金（Cu_6Sn_5）は脆いので、過度の合金化は好ましくない。また、高温での作業が長引くとハンダも銅も酸化してしまい、境界面が絶縁されてしまう。したがって、以下のように短時間で作業を行なうのが良い。

1) ハンダ付けする対象をハンダこてで熱する。（銅の表面が酸化しない程度に）
2) ハンダ線の先を対象に少しつけ、少量のハンダを溶かす。ハンダ線はすぐに離すが、ハンダこては保持する。
3) 十分に高温で溶けたハンダは銅と良く濡れるので、毛管現象によって隙間に薄く広がる。ここで合金化が進む。
4) ハンダの広がりを見たら直ちにハンダこてを離し、空気で冷えるのを待つ。

あらかじめ対象の表面に薄くハンダをメッキしておくと、更に作業が楽である。

よく見られる失敗例は、ハンダの量が多すぎて、ハンダの温度が一様に上がらないため、長時間ハンダこてをあて続け、銅やハンダを酸化させてしまうことによる電気的な接触不良である。ハンダこての先に溶けたハンダを載せて酸化させる学生も多い。出来上がったハンダの表面に"つや"が無い場合、酸化が進んでいる可能性がある。接触不良に至った場合には、一旦ハンダを除去し、ハンダ付けをやり直す必要がある。

3.3 デジタルストレージオシロスコープ

オシロスコープは時間的に変動する電圧を表示する装置である。最近はコンピュータとデータ蓄積のメモリーを内蔵したデジタルストレージオシロスコープが普及している。詳細は取り扱い説明書を読んで欲しい。ここでは、基本的な事柄について、簡単に記しておく。

トリガー (trigger) 計測する電圧信号は高い周波数である場合が多いため、時間変動する電圧値を全て表示しても信号形をみることができない。そこで、ごく短い時間内の電圧信号の変化をピックアップし、拡大して表示したい。通常、信号に何らかのイベントが起こった瞬間をきっかけにして、その前後の信号を表示する。（トリガー前の信号が表示できるのは、内部にメモリーが入っているからである。）この「きっかけ」をオシロスコープのトリガーと呼ぶ。たとえば、「channel 1」の計測値が負から正に変わった瞬間をトリガーにしたい場合、

trigger source	：	channel 1
trigger level	：	0 Volt
slope	：	＋

---

[1]最近は環境負荷を下げるために鉛の代わりに亜鉛や銀などを使った鉛フリー半田が開発されている。また、本実験で使用するハンダ線にはフラックスと呼ばれる、松やになどを原料とする樹脂が入っている。これはハンダ付け時には溶けて、銅の表面の酸化膜を除去し、銅とハンダを濡れやすくし、更にハンダの酸化を防ぐ働きがある。

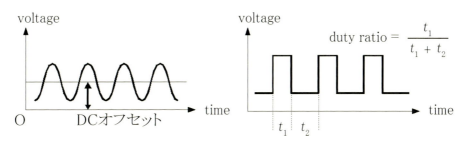

図 9.14: オフセットとデューティ比

とすればよい。トリガーのかけ方には様々な方法がある。

掃引モード (sweep mode) 時間変動する電圧を画面に表示することを掃引 (sweep) という。（アナログオシロスコープで、電子線を曲げることによって、光った点が左から右に移動することに由来する。）本実験で用いるデジタルオシロスコープの場合、[stop] ボタンで掃引が止まり、画面に表示される信号が更新されなくなるので、計測に利用するとよい。トリガーと掃引（画面表示）の関係には主に 3 種類ある。

- **NORMAL** トリガーがかかった時はトリガーを基準に表示を更新する。（この表示は次にトリガーがかかるまで維持される。）低い周波数の信号を見る場合はこの設定が見やすい。

- **AUTO** トリガーがかかった時はトリガーを基準に表示を更新する。トリガーがかからない場合は、トリガーを基準にせずに自動的に掃引する。通常はこの設定が見やすい。

- **SINGLE** 一度だけトリガーを基準に表示する。（その後、画面は更新されない。）再び掃引するには、なんらかの操作（[start] ボタンや [reset] ボタンを押すなど）が必要である。まれな現象を計測する場合には便利な機能であるが、本実験で利用する必要はないだろう。

結合 (couple) 直流電圧に小さな交流電圧が混ざった信号を観測する場合、入力電圧をそのまま観測したのでは、交流成分を詳しくみることができない。そこで、入力電圧から直流成分を取り除く必要がある。この機能を交流結合 (AC couple) と呼ぶ。オシロスコープの入力部分にハイパスフィルタが付くと考えればよい。低い周波数の交流はハイパスフィルタを通過できないため、注意が必要である。当然、計測中は結合状態が通常の直流（DC）結合なのか、交流（AC）結合なのかを意識しておく必要がある。

カーソル (cursor) オシロスコープ上のカーソルは画面上で移動可能な印であり、普通は時間軸に平行 (Horizontal) な直線、または電圧軸に平行 (Vertical) な直線である。複数のカーソルを移動させて、カーソル間の時間差や電圧差を読み取るなど様々な計測機能が利用できる。

なお、デジタルストレージオシロスコープには様々な計測機能、演算機能が搭載されているので、計測に利用すると便利である。

3.4 ファンクションジェネレータ

正弦波、矩形波（方形波）、三角波などの様々な電圧信号を発生する装置をファンクションジェネータ（信号発生器）と呼ぶ。幾つかの重要な概念を説明しておく。

DC オフセット (DC offset) 交流信号の中心は通常は0であるが、ずれている場合、つまり直流信号が重なっている場合に、この直流成分のことを DC オフセット、または単にオフセットと呼ぶ。

デューティ比 (duty ratio) 矩形波は信号レベルが高い時間と低い時間が交互に周期的に現れるが、1周期における信号レベルが高い時間の比をデューティ比、または単にデューティと言う。通常の矩形波はデューティ比 50 %である。

同期信号出力（synchronizing output） 交流信号を出力しているタイミングを矩形波などの方式で出力している。通常の出力信号レベルを変えても同期振動の振幅は変わらないので、オシロスコープの外部トリガー信号やロックインアンプの参照信号に利用することができる。

参考文献

[1] 砂川　重信: 理論電磁気学 第3版　(紀伊國屋書店)

[2] 後藤　憲一、山崎　修一郎　共編: 詳解　電磁気学演習（共立出版）

[3] 太田　恵造：　磁気工学の基礎 II (共立出版・共立全書)

[4] 物理学辞典 (培風館)

[5] 大澤　直：　はんだ付技術の新時代（工業調査会）

[6] 永宮健夫ほか：　物質の磁性（共立出版社・物性物理学講座）

[7] 馬場 清太郎：　トランジスタ技術 SPECIAL　OP アンプによる実用回路設計（CQ 出版社）

[8] 吉沢　康和：　新しい誤差論－実験データ解析法（共立出版）

[9] 松波弘之、吉本昌広：　「半導体デバイス」（共立出版）

第10章　生体物質の光計測

　生物は①自己複製、②恒常性の維持といった性質を持っており、一見エントロピー増大の法則に逆らい、生物だけに適応する特別な法則があるかのように思われる。しかし、生物自体も非生物である原子から構成されており、生命現象も当然物理や化学の法則にしたがった現象と考えるべきである。このような考え方に基づき近年急速に発達した学問が「生物物理学」や「分子生物学」である。これらの学問分野では、生体分子を巧妙な分子装置と捉え、それらの機能を解明し、生命現象を理解することを目的としている。生体分子とは、核酸（DNA、RNA）、蛋白質、脂質、糖などがあげられる。この実習ではこれらのうち DNA と蛋白質を用いた実験を行い、これらの分子が実際にどのような性質を持つか体験してほしい。

　実習では次の五つの実験を行う。
①　DNA のモル吸光係数を計測する。
②　DNA の二重螺旋構造の形成崩壊にともなう熱力学パラメータを計測する。
③　光受容蛋白質の熱平衡過程のスペクトル変化を速度論的に解析する。
④　反応の活性化エネルギーを計測する。
⑤　界面活性剤のミセルによるレイリー散乱を解析する。

A　実験をする前に

1　生体分子

1.1　DNA

　生物は遺伝情報を子孫に受け継ぎ自らと全く同じ形の生物を作り上げる。この遺伝情報の実体は DNA（デオキシリボ核酸）である（図 10.1）。DNA はヌクレオチドという構成単位を複数重合させた構造の高分子である。ヌクレオチドは更にリン酸、デオキシリボース（糖）および塩基部分からなる。塩基にはアデニン（A）、シトシン（C）、グアニン（G）、チミン（T）の4種類が存在し、アデニンはチミンと、シトシンはグアニンと水素結合により結合し塩基対をつくり、二本の DNA 鎖が螺旋状に巻いている。このように一方のヌクレオチド配列に相補的な配列が作られることは、遺伝情報が複製される分子的な基礎になっている。

1.2　蛋白質

　生体において数多くの機能を担う蛋白質は、アミノ酸が複数重合した構造の高分子である（図 10.2）。アミノ酸はアミノ基（‑ NH_2）とカルボキシル基（‑COOH）を持つ分子の総称で、これらの官能基の他に側鎖を持つ。この側鎖はアミノ酸により異なり、蛋白質を構成するアミノ酸に見られるものは主に図 10.2 に示した 20 種類である。これらの 20 種類のアミノ酸の隣り合うアミノ基とカルボキシル基が脱水縮合により一

第10章 生体物質の光計測

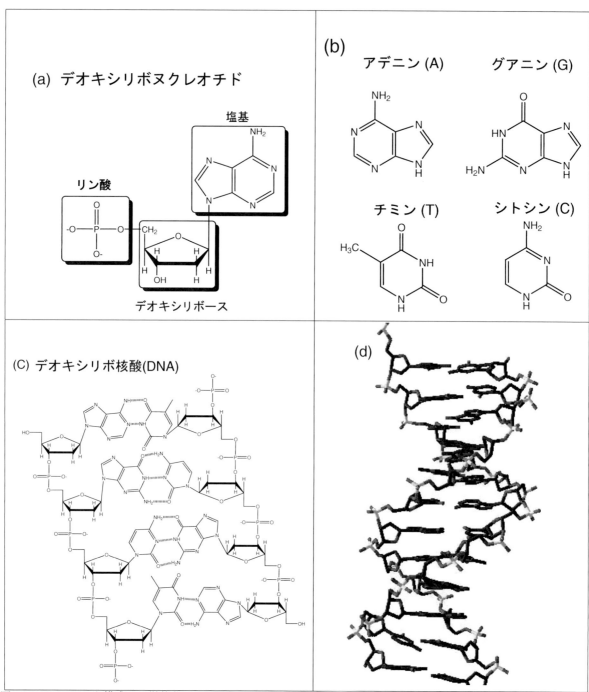

図 10.1: (a)DNAを構成する単位分子：デオキシリボヌクレオチド。リン酸、デオキシリボース、塩基部分からなる。(b)4種類の塩基。(c)DNAは各デオキシリボヌクレオチドのリン酸基と隣のデオキシリボヌクレオチドのデオキシリボースが脱水縮合により重合した高分子である。DNA分子同士は互いの塩基配列が相補であるとき、塩基間の水素結合により結びつく。(d) 二本鎖のDNAはらせん構造になる。

A. 実験をする前に

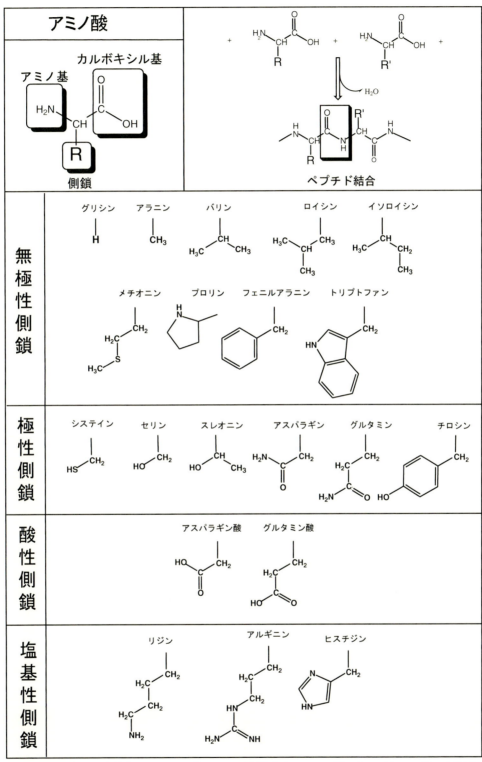

図 10.2: (a) 蛋白質を構成する単位分子：アミノ酸。1つの炭素原子にアミノ基、カルボキシル基、水素原子、側鎖が結合した化合物。蛋白質を構成するアミノ酸の側鎖は、図に示す 20 が種類存在する。(b) 蛋白質は各アミノ酸のアミノ基とカルボキシル基が脱水縮合（ペプチド結合）してできる高分子である。

第10章 生体物質の光計測

列に繋がり、蛋白質を形成する。この脱水縮合により形成された結合をペプチド結合と呼び、ポリペプチドが形成される。ポリペプチドは、そのアミノ酸配列に応じて折りたたまれる。蛋白質は、短いもので数十、長いものでは数千のアミノ酸が繋がったポリペプチドで、酵素として働いたり、構造形成するなど生体内で様々な機能を果たしている。

1.3 遺伝情報

蛋白質のアミノ酸配列の情報はDNAのヌクレオチドの配列の中に暗号化（コード）されている。一つのアミノ酸は3つのヌクレオチド配列によりコードされている。例えば、アミノ酸の一つであるグルタミン酸をコードしている塩基配列はGAAまたはGAGである。この様に20種類のアミノ酸それぞれに対応する三文字の塩基配列があり、この塩基配列のことをコドンと呼ぶ。

2 生体分子による紫外線・可視光線吸収

近紫外線の吸収　$C=C$、$C=O$、$C=N$結合などの二重結合の最も外郭にあるπ電子は紫外線領域の電磁波を吸収し励起される (図10.3)。DNAでは塩基部分、蛋白質では芳香族アミノ酸の側鎖やペプチド結合にこれらの二重結合が存在するので、DNAや蛋白質は紫外線領域に吸収帯を持つ。

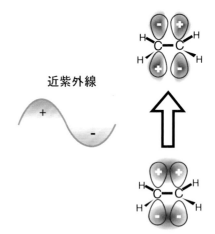

図10.3: 基底状態のπ電子は、近紫外線を吸収し反結合性の励起状態（π^*）の電子分布になる。

可視光の吸収　多くの生物が太陽からの電磁波をエネルギー源として、または空間認識のための手段として用いている。しかし、DNAや蛋白質に存在する二重結合のπ電子は紫外線を吸収し励起する (図10.3)。その結果分子内の結合が切断されたり化学反応を誘発したりするので、生体にとって紫外線は有害である。

そこで生物は、地球上に豊富に降り注ぐ紫外線領域より少しエネルギーの小さい波長領域の電磁波を活用している。我々人間もこの波長領域の電磁波を空間認識のために利用しているので、この電磁波を可視光と呼ぶ。このような波長の電磁波を捕らえるために、光を受容する蛋白質には発色団と呼ばれる分子団が結合している。主なものとしては植物の光合成に用いられるクロロフィルや我々の視覚に関わるレチナール（ビタミンAアルデヒド）などがある。

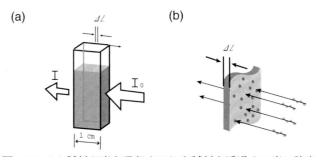

図10.4: (a) 試料が光を吸収するとき試料を透過する光の強度は減少する。(b) 光子が試料分子に衝突する頻度は、試料分子の濃度と光子の密度に比例する。

これらの分子は炭素-炭素二重結合（$C=C$）と単結合（$C-C$）が交互に並んでいるのが特徴で、隣り合う二重結合と単結合の交代が可能となる（π電子共役）。この時π電子は発色団分子上をある程度自由に動き回ることができ、比較的弱いエネルギーで励起される。

A. 実験をする前に

2.1 吸光度（Absorbance）の定義

強度 I_0 の光が 1 cm の試料を通過した後の強度を I とすると (図 10.4)、試料の透過率と吸光度は次のように定義される。

$$\text{透過率 (transmittance)} \quad T = \frac{I}{I_0}$$

$$\text{吸光度 (absorbance)} \quad Abs = -\log_{10} T$$

光が試料分子程度の微小距離 Δl だけ通過するときを考える (図 10.4) と光子が試料分子に当たる（吸収される）確率は試料分子のモル濃度 C（M: mol/L）に比例する。また、光子の密度（光の強度）が大きいほど試料分子に吸収される頻度は高くなる。したがって、微小距離 dx だけ通過するときの光強度の減少量を dI とすると、

$$\frac{dI}{dx} = -kCI$$

つまり、試料を通過した光の強度は、試料の濃度と光路長 l の関数として $I = I_0 \exp(-kCl)$ と表せる。したがって吸光度は、

$$Abs = -\log_{10} T = \epsilon Cl \qquad \text{（Lambert-Beer の法則）} \tag{10.1}$$

となり、試料の濃度に比例する。ここで、$\epsilon = k \log_{10} e$ はモル吸光係数（$M^{-1} cm^{-1}$）である。

3 平衡定数とギブスの自由エネルギー

DNA は二本の相補な塩基配列をもつ分子同士が水素結合により結びつき二重らせん構造をとっている。蛋白質を構成するペプチド鎖もランダムなひも状に漂っている訳ではなく、特定のアミノ酸の官能基同士が水素結合、疎水結合、イオン結合してペプチド鎖全体が折り畳まれ、タンパク質としての機能を果たすような構造になる。

このような DNA の二重らせん構造や蛋白質の折れ畳み構造は、ランダムなひも状の状態（変性状態）よりも分子の内部エネルギー (E) が小さいのでより安定と思われる。しかし、エントロピー (S) は変性状態の方が乱雑さが増すので大きくなると考えられる。特定構造から変性状態への反応（変性反応）が自発的に進行するかしないかは、この構造変化の過程で吸収または放出される熱量に相当するエンタルピー ($H = E + PV$) の差および両者のエントロピーの差の関係で決まる。反応の進行方向の指標としてのギブスの自由エネルギー ($G = H - TS$) の差は、2つの状態の平衡定数 (K) の温度依存性を測定することにより得られ、そこからエンタルピーおよびエントロピーの変化を求めることができる。

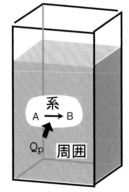

図 10.5: 反応分子を系、溶媒を周囲と考える。

4 ギブスの自由エネルギー

ある反応過程 A⟶B で熱 Q_p が周囲から系へ可逆的に吸収されたとする (図 10.5)。この反応が圧力、温度一定の条件下で自発的に進行するかどうかを考えよう。反応が進行する時、系のエントロピー変化 (ΔS_{sys}) と周囲のエントロピー変化 (ΔS_{surr}) の和 $\Delta S_{total} > 0$ になる。また、反応が平衡状態にある時は $\Delta S_{total} = 0$ である。

第10章　生体物質の光計測

この反応では、周囲のエントロピー (S_{surr}) は Q_p を奪われることにより減少する。また、系が吸収する Q_p は系の内部エネルギーの増加 (ΔE_{sys}) と体積変化に伴う仕事 ($P\Delta V$) となるので、

$$\Delta S_{surr} = -\frac{Q_p}{T}$$

$$Q_p = \Delta E_{sys} + P\Delta V = \Delta H_{sys}$$

と書ける。ここで ΔH_{sys} は一定圧力下での系のエンタルピー変化である。したがって、系と周囲の全エントロピー変化は、

$$\Delta S_{total} = \Delta S_{surr} + \Delta S_{sys} = -\frac{\Delta H_{sys}}{T} + \Delta S_{sys}$$

となり、系のパラメータのみで表すことができる。ここで系のギブスの自由エネルギー変化 ($\Delta G_{sys} = \Delta H_{sys} - T\Delta S_{sys}$) を用いて表すと、自発的な過程で全エントロピーは増加するということと系の自由エネルギーは減少するということは同義であることがわかる。

$$\Delta S_{total} \geq 0 \qquad \Longleftrightarrow \qquad \Delta G_{sys} \leq 0$$

4.1　ギブスの自由エネルギーの圧力（濃度）依存性

$$dG = dH - SdT - TdS = VdP - SdT$$

と変形することができるので、ギブスの自由エネルギーは圧力と温度の関数である。

T が一定の時、理想気体では $V = \dfrac{nRT}{P}$ なので、圧力変化に伴う自由エネルギー変化は、

$$dG = \frac{nRT}{P}dP$$

と変形できる。圧力 P_0 の時の自由エネルギーを G_0 とすると、成分 i の圧力 P_i の時の自由エネルギー G_i は、

$$G_i = G_0 + nRT \ln \frac{P_i}{P_0}$$

となる。圧力の比はモル分率 $X_i = P_i/(P_i + P_0), X_0 = P_0/(P_i + P_0)$ の比として表すことができる。また、$P_i << P_0$(希薄溶液) では、$X_i = P_i/P_0, X_0 = 1$ なので、

$$G_i = G_0 + nRT \ln \frac{X_i}{X_0} \approx G_0 + nRT \ln X_i \quad (\text{ただし、右辺は } P_i << P_0 \text{ の時})$$

と変形できる。さらに、希薄溶液ではモル分率はモル濃度比 (C_i) に比例するので、

$$G = G^0 + nRT \ln C_i$$

と書き換えられる。ただし、G^0 は成分 i のモル濃度が 1 (mol/L) の時の自由エネルギーである。

1 mol 当たりの自由エネルギーを化学ポテンシャル (μ) と言う。モル濃度 1 での成分 i の化学ポテンシャルを μ_i^0 とすると、モル濃度比 C_i での μ_i は、

$$\mu_i = \mu_i^0 + RT \ln C_i$$

である。

158

A. 実験をする前に

4.2 平衡定数とギブスの標準自由エネルギー

例えば、$a\mathrm{A} + b\mathrm{B} \rightleftharpoons c\mathrm{C} + d\mathrm{D}$ という反応で、モル濃度が C_A、C_B の成分 A および成分 B がそれぞれ a mol および b mol ずつ反応し、c mol および d mol の成分 C および成分 D が生成し、それぞれのモル濃度が C_C、C_D になったときのギブスの自由エネルギーの変化は、

$$\Delta G = c\,\mu_C + d\,\mu_D - a\,\mu_A - b\,\mu_B$$

$$= (c\mu_C^0 + d\mu_D^0 - a\mu_A^0 - b\mu_B^0) + cRT\ln C_C + dRT\ln C_D - aRT\ln C_A - bRT\ln C_B$$

$$= \Delta G^0 + RT\ln\frac{C_C^c C_D^d}{C_A^a C_B^b}$$

と表せる。ただし、ΔG^0 は標準状態 (濃度が 1 mol/l) の反応物が標準状態の生成物になる時の自由エネルギー変化で標準自由エネルギー変化と呼ぶ。

この反応が平衡状態にあるとき平衡定数を K とすると、$\Delta G = 0$、$\dfrac{C_C^c C_D^d}{C_A^a C_B^b} = K$ なので、

$$\Delta G^0 = -RT\ln K \tag{10.2}$$

の関係式が導き出される。つまり、平衡定数がわかれば標準状態でのギブスの自由エネルギー変化が得られる。また、$\Delta G^0 = \Delta H^0 - T\Delta S^0$ から、ΔG^0 の絶対温度依存性を調べることにより ΔH^0、ΔS^0 を求めることができる。ただし、ΔH^0、ΔS^0 はそれぞれ標準状態の反応物が生成物になるときに吸収する熱量、エントロピー変化に相当する。

5 反応速度

5.1 速度定数

A $\xrightarrow{\ \ k\ \ }$ B という反応を考えると、A の崩壊速度は A の濃度に比例する。比例定数 k を速度定数と呼び、次のような微分方程式で表すことができる。

$$\frac{d[A]}{dt} = -k[A] \qquad (k\ は正の数)$$

A の初期濃度 $[A_0]$ とすると、

$$[A] = [A_0]\exp(-kt)$$

と解ける。速度定数 k が大きければ大きいほど速い指数的な減衰を示す。

可逆な反応：A $\underset{k_{-1}}{\overset{k_1}{\rightleftharpoons}}$ B の場合には、A の濃度の変化速度は A の濃度に比例して減少し、B の濃度に比例して増加するので、

$$\frac{d[A]}{dt} = -k_1[A] + k_{-1}[B] \tag{10.3}$$

と表せる。

ところで、速度定数が大きくなるとはどういうことだろうか。上の反応で A の自由エネルギーよりも B の自由エネルギーの方が低ければ、反応は自発的に進行することになる。しかし、この自由エネルギー差が反応速度を決めるわけではない。反応速度を決める要因は、A から B に変化する過程で越えなければならないエネルギー障壁の高さ（活性化エネルギー）である。

第 10 章　生体物質の光計測

6　反応速度の温度依存性と活性化エネルギー

一般的な化学反応では、ある温度領域において速度定数 k は

$$k = A \exp(-\frac{E_a}{RT}) \tag{10.4}$$

であらわされる（アレニウスの式）。ここで、R は気体定数、T は絶対温度、E_a は活性化エネルギーである。A は頻度因子と呼ばれており、通常の化学反応では温度に無関係な定数と見なすことができる。　すなわち、反応速度は温度が高く、活性化エネルギーが小さいと大きくなる。反応速度の温度依存性を計測する事によって活性化エネルギーと頻度因子を求めることができる。その際、横軸に $1000/T$、縦軸に $\ln k$ を取ったグラフ（アレニウスプロット）を作成すると便利である。

7　レイリー散乱

溶液中に屈折率の異なる微粒子が存在し、そこに光を照射する場合を考える。入射光の電場が微粒子の電場に作用し、粒子内の電子が強制的に振動させられて双極子モーメントが誘起される。誘起された双極振動子は、入射光と同じ波長の光としてエネルギーを放出（双極子放射に）することにより、光が（弾性）散乱される。散乱体（体積 V）が入射光の波長 λ よりも十分小さい場合の散乱は、レイリー散乱（Rayleigh scattering）と呼ばれ、散乱角 θ への散乱光の強度は、次式のように与えられる。

$$I_s(\theta) = \frac{9\,\pi^2 N}{2r^2}\frac{n^2-1}{n^2+2}^2\frac{V^2}{\lambda^4}(1+cos^2\theta)I_0 \tag{10.5}$$

ここで、I_0 は入射光の強度、N は散乱に寄与する電子数、r は散乱体からの距離、n は散乱体の屈折率である。ただし、水中（$n = 1.33$）の粒子による散乱の場合、n は粒子と水の相対屈折率となり、波長 λ も水中での光の波長 λ$/1.33$ となる。なお、本実験では水分子による光の散乱は無視してよい。注目すべきは、散乱強度が散乱体の体積 V の 2 乗に比例し、波長 λ の 4 乗に反比例することである。晴天の空が青く見え、夕日が赤く見えるのは、大気により光が散乱されるためである。分光光度計では散乱はみかけの透過光強度の減少、すなわち吸光度の増加として検出される。

B　実験

1　実験 1（DNA のモル吸光係数）

1.1　目的

DNA 分子による近紫外線の吸収スペクトルを測定し、吸光度と試料の濃度の関係について理解するとともに、分光光度計の扱い方に慣れる。

1.2　実験の準備

以下のものを確認する。

B. 実験

① 分光光度計
② 電子冷熱式恒温セルホルダ
③ 分光セル（石英・蓋付）
④ ピペットマンおよびそのチップ
⑤ DNA 試料（50 μg/mL）

1.3 測定方法

(1) 分光光度計の試料セルの温度を 25 ℃に設定する。

(2) 測定条件を設定する：波長スキャン、測定波長範囲 330 nm〜220 nm、走査速度 400nm/min、データ間隔 2 nm。

(3) 蒸留水 1 mL を分光セルに入れ分光光度計にセットする。ベースライン補正を行った後そのまま一度測定を行い、ベースラインが平坦になっていることを確認する。

(4) DNA 試料 (50 μg/ml) 1 ml を分光セルに入れ蓋をする。分光光度計にセットし吸収スペクトルを測定する。

(5) 30、20、10 μg/mL の DNA 試料を最終量が 1 ml になるように蒸留水と混ぜて調製し、同様に吸収スペクトルを測定する。

(6) 新しい DNA 試料を使って (4)-(5) の測定をさらに 2 回行い、各濃度について計 3 回ずつ吸収スペクトルを測定する。

- ピペットマンは非常に繊細な器具なので、取り扱いはくれぐれも慎重に行うこと。とくにピペットマンで 1 ml の液体を吸い上げるときは、本体内部に吸い込まないように、3 秒ぐらいかけるつもりでゆっくり吸い上げる。

- DNA は必要量しか準備していないので、失敗のないように大切に扱うこと。

課題 1

 (1) この実験で用いた二本鎖 DNA 試料のモル濃度を計算せよ。ただしヌクレオチドの平均分子量は 330 であり、この DNA 試料は 5500 の塩基対のヌクレオチド配列からなる。重量濃度の誤差は無視できるものと仮定し、有効数字 4 桁で記す事。

 (2) 各濃度の DNA のスペクトルをグラフに書き、吸収極大波長を調べよ。DNA 濃度と吸収極大波長における吸光度の関係をプロットし、吸光度が試料の濃度に比例することを確認する。

 (3) それぞれの DNA 濃度での吸光度の誤差と、得られた値の有効数字について考察せよ。

問 1 グラフの傾きから吸収極大波長における DNA 試料のモル吸光係数 ϵ（$M^{-1}cm^{-1}$）を求めよ。ただし、M は濃度 (mol/L) を表す単位である。また得られた値の誤差とその原因についても考察せよ。

2 実験 2（DNA の熱変性）

2.1 目的

 DNA の変性反応は、二重らせん構造を形成している塩基間水素結合が切断され、二本鎖 (double-stranded) の DNA(dsDNA)1 分子が一本鎖 (single-stranded) の DNA(ssDNA)2 分子に分かれる反応である。

第 10 章　生体物質の光計測

この熱変性過程は可逆であるが、両者の存在比 (平衡定数) は温度により異なる。本実験では、この平衡定数から標準状態における 2 つの状態間の自由エネルギーの差を求め、さらにそれらの温度依存性からエンタルピー差およびエントロピー差を計算し、DNA の変性過程で分子と溶液の間でやり取りされる熱量について考察する。

2.2　DNA の濃色効果

DNA による紫外線吸収は、塩基部分に存在する二重結合上の π 電子が励起する際に起こる。DNA はヌクレオチドが重合した構造であるから、DNA による紫外線吸収は各ヌクレオチドの紫外線吸収の総和であると考えられる。

しかし、二重らせん構造をとる場合には対となる塩基が水素結合し、それらが平行に積み重なったような規則正しい配置をしている。これらがランダムに配向したヌクレオチド単体や一本鎖 DNA になるとモル吸光係数が少し大きくなる。この現象は DNA の濃色効果として知られており、この性質を利用して DNA の二重らせん構造の崩壊および形成の様子を可視紫外分光光度計により観測することが可能である。

2.3　実験の準備

以下のものを確認する。
  ①　分光光度計
  ②　電子冷熱式恒温セルホルダ
  ③　分光セル（石英・蓋付）
  ④　ピペットマンおよびそのチップ
  ⑤　DNA 試料（50 μg/mL）
  ⑥　スターラーチップ

2.4　測定方法

(1) 分光光度計の試料セルの温度を 25 ℃に設定する。
(2) 測定条件を設定する：波長スキャン、測定波長範囲 330 nm〜220 nm、走査速度 400nm/min、データ間隔 2 nm。
(3) 蒸留水 3 mL を分光セルに入れ、分光光度計にセットする。ベースライン補正を行った後そのまま一度測定を行い、ベースラインが平坦になっていることを確認する。
(4) DNA 試料 (50 μg/mL) 3 mL を分光セルに入れる。スターラーチップを入れて蓋をし、分光光度計にセットする。スターラーチップを回転させる。表示温度が設定温度に達してから 3 分待って試料の温度を安定させた後、吸収スペクトルを測定する。
(5) 同じ試料を用いて 30 ℃、35 ℃、40 ℃、45 ℃、50 ℃、55 ℃、60 ℃、65 ℃、70 ℃、75 ℃、80 ℃、85 ℃の各温度において同様のスペクトル測定を行う。

課題 2

(1) 得られたスペクトルを重ね書きしてグラフに示せ。
(2) 吸収極大波長における吸光度を温度（℃）に対してプロットせよ。
(3) 二本鎖 DNA（dsDNA）が一本鎖（ssDNA）になる（変性する）反応は、

B. 実験

$$dsDNA \rightleftharpoons 2\,ssDNA$$

で表せるような平衡反応である。25 ℃、85 ℃でそれぞれ二本鎖、一本鎖 DNA が 100 ％存在するとして、各温度での一本鎖 DNA への解離反応が進行した割合 (α) を温度に対してプロットせよ。

(4) この反応の平衡定数を K、解離反応が進行した割合を α、最初の dsDNA の濃度を C [M] として、K を α および C で表し、K を絶対温度に対してプロットせよ。

二本鎖 DNA が一本鎖になるときの ΔG^0 を絶対温度に対してプロットする。ただし、R：8.3144[J K^{-1}mol^{-1}] は気体定数とする。

(5) ΔG^0 と標準自由エンタルピー変化 ΔH^0、標準自由エントロピー変化 ΔS^0 の関係式 $\Delta G^0 = \Delta H^0 - T\Delta S^0$ から、ΔS^0 を求めよ。

また、$\ln K = -\dfrac{1}{R}\left(\dfrac{\Delta H^0}{T} - \Delta S^0\right)$ と書けることを確認し、$\ln K$ の $1/T$ に対するプロットから ΔH^0 を求めよ。

問2 標準状態の DNA の水素結合を解離させるのに必要なエネルギーはいくらか。また、1 つの塩基対当たりの水素結合を解離させるのに必要なエネルギーはどの程度か求めよ。

問3 なぜ高温なほど変性が進みやすいのか。DNA 溶液全体のエントロピーを考慮して答えよ。

問4 微生物の中には温泉や熱水噴出孔などの温度の高い場所で生息するものがいる。これらの生物の持つ DNA が生育環境で熱変性しないのは何故だろうか。熱力学的な観点で説明せよ。

3　実験3 (レチナール発色団の可逆的熱異性化過程の解析)

3.1　はじめに

バクテリオロドプシン

本実験で用いるバクテリオロドプシンは、高度好塩菌（飽和塩濃度近くの高塩濃度環境に生息する細菌）の細胞膜中に存在する光受容蛋白質である。バクテリオロドプシンは光エネルギーを用いてプロトンを細胞膜の内側から外側に輸送し、膜内外のプロトン濃度勾配を作る（図 10.6）。プロトン濃度勾配は、細菌の運動、栄養源の取り込み、ATP 合成などのエネルギー源になる。バクテリオロドプシンは可視光を吸収するために、発色団としてレチナール分子を持っている。ところで、レチナール単独の吸収極大波長は紫外領域の 380 nm 付近であるが、蛋白質に結合することにより可視部領域の 570 nm 付近まで吸収極大波長が移動する（図 10.6 左）。つまり、蛋白質との相互作用によりレチナールの吸収極大波長が制御されたことを意味する。これはレチナールの共役二重結合系が近傍のアミノ酸残基により立体的または静電的相互作用を受けるためである。

3.2　目的

発色団レチナール分子には 6 つの二重結合 (C=C) が存在し (図 10.7)、その内 4 つは異性化が可能なので $2^4 = 16$ 通りの幾何異性体が考えられる。しかし、バクテリオロドプシン内部ではそれらのうち 1 つだけが

第10章 生体物質の光計測

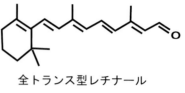
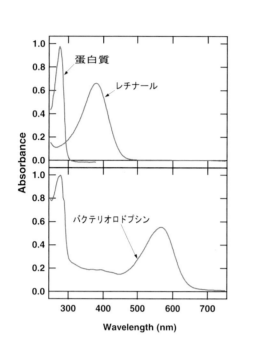
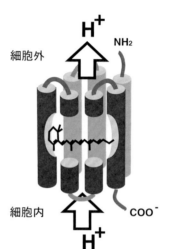

図 10.6: バクテリオロドプシンの吸収スペクトルと立体構造の模式図：バクテリオロドプシンの構成要素である蛋白質とレチナールは、それぞれ単独では可視部に吸収をもたない（左上）。これらが結合してバクテリオロドプシンが生成すると、可視部に吸収を持つようになる（左下）。バクテリオロドプシンは7本の棒状のらせん構造（αヘリックス）状のペプチド骨格からなり、蛋白質内部に発色団レチナールを結合している（右）。光を吸収するとレチナールの光異性化が起こり、蛋白質部分の構造変化が引き起こされる。その結果、プロトンが菌体内から外側にくみ出される。

光または熱的にシス・トランス異性化を起こす。可視光を照射するとバクテリオロドプシン内のレチナール分子の二重結合は全てトランス型になる (明順応) が、暗状態では13位の二重結合が熱的に異性化する。この異性化反応は、可逆反応なので最終的にはシス型とトランス型の平衡状態に達する (暗順応)。

以上のようなレチナール発色団のシス・トランス異性化に伴い、可視部の吸収スペクトルは変化する。この実験では、バクテリオロドプシンの暗順応過程のスペクトル変化を測定し、その過程の速度定数を決定し、考えられる反応モデルを元に、シス型のスペクトルを計算により求める。

3.3 実験の準備

以下のものを確認する。
① 分光光度計
② 電子冷熱式恒温セルホルダー
③ 分光セル
④ ピペットマンおよびそのチップ
⑤ バクテリオロドプシン試料
⑥ 光照射装置
⑦ 時計

3.4 測定方法

(1) 分光光度計の試料セルの温度を 30 ℃に設定する。
(2) 測定の条件を設定する：波長スキャン、測定波長範囲 800 nm～330 nm、走査速度 1,000nm/min、デー

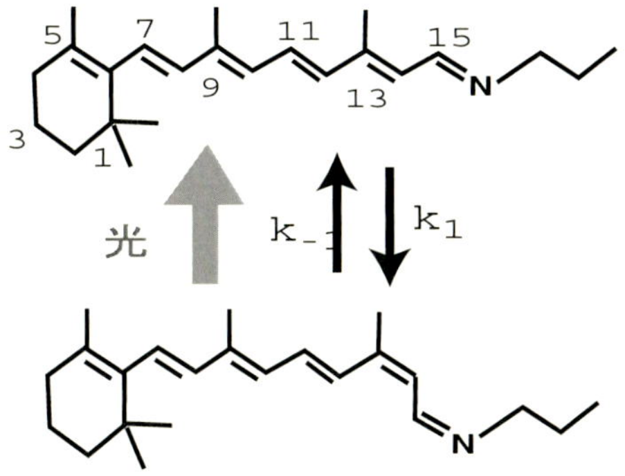

B. 実験

図 10.7: 明順応および暗順応状態のバクテリオロドプシンの発色団レチナールの幾何異性体構造。暗所では 13 位の二重結合の異性化が可逆的に進行する。

タ間隔 2 nm。

(3) 蒸留水 1 mL を分光セルに入れ、分光光度計にセットする。ベースライン補正を行った後そのまま一度測定を行い、ベースラインが平坦になっていることを確認する。

(4) バクテリオロドプシン試料 1 mL を分光セルに入れる。

(5) 光照射装置で、緑色光を試料に 2 分間照射する。照射後直ちに吸収スペクトルを測定する。それと同時に時間を測り始める。

(6) 1 分後、2 分後、4 分後、8 分後、16 分後、32 分後、64 分後、128 分後に吸収スペクトルを測定する。

(7) 吸収スペクトルの変化が可逆的であるかどうか、試料を再度照射して吸収スペクトルを測定することで確かめよ。

(8) 測定し終えたサンプルを元のチューブに戻す。

- バクテリオロドプシンは貴重な試料なので、失敗したと思った時でも安易にやり直さず、教員に相談すること。修復できるケースが多々ある。

課題 3

(1) 暗順応過程の吸収スペクトルをすべて一つのグラフに示せ。この時、全ての吸収スペクトルがほぼ一点で交わることを確認せよ。この交点のことを等吸収点と呼ぶ。A → B のような 1 対 1 の反応であれば、そのスペクトル変化は等吸収点を持つことを示せ。

(2) 2 つの吸収スペクトル A、B があるとき、ある波長 λ におけるそれぞれの吸光度を $A(\lambda)$、$B(\lambda)$ とすると、その差（$\Delta Abs = A(\lambda) - B(\lambda)$）を B を基準とした差吸光度という。また、各波長における差吸光度を波長に対してプロットしたものを差スペクトルという。照射直後のスペクトルを基準にして、1 分後、2 分後、4 分後、8 分後、16 分後、32 分後、64 分後、128 分後のスペクトルとの差スペクトルをそれぞれ求めよ。

問 5 $A \underset{k_{-1}}{\overset{k_1}{\rightleftharpoons}} B$ のような可逆な反応過程を表す B の濃度に関する微分方程式を式 (10.3) と同様に示せ。また本実験に対応する各濃度の解を導け。

問 6 差吸光度が最大になる波長での吸光度変化（$\triangle A$）を時間 t に対してプロットし、指数関数（$\triangle A = -a(1 - \exp(-bt))$）で近似する。この時の速度定数 b を求めよ。

第 10 章　生体物質の光計測

問 7　バクテリオロドプシン（BR）の発色団の構造は照射直後には全トランス型であるが、暗中ではシス型に異性化し、時間無限大では 2 つの状態が 1:1 の割合で存在する。この時、この平衡反応の正方向と逆方向の反応速度定数はそれぞれいくらか。

問 8　上の問いに基づき、128 分後のトランス型とシス型の割合を求めよ。その値を元にしてシス型の発色団を持つ BR の吸収スペクトルを計算して、シス型あるいはトランス型の発色団のみを持つ BR の吸収スペクトルを重ね書きして等吸収点を確認せよ。吸収極大波長はいくらか。また、この波長におけるモル吸光係数の（トランス型の吸収極大波長での吸光係数を 1 とする）比はいくらになるか。

問 9　時間無限大でトランス型とシス型が 2:1 の割合で存在すると考えた場合についても、シス型あるいはトランス型の発色団のみを持つ BR の吸収スペクトルを重ね書きして示せ。

4　実験 4（反応速度の温度依存性）

4.1　目的

　実験 3 で調べたバクテリオロドプシン中でのレチナールの熱的異性化反応の速度が温度とともにどのように変化するかを調べ、この反応の活性化エネルギーを求める。

4.2　実験の準備

　以下のものを確認する。
① 分光光度計
② 電子冷熱式恒温セルホルダ
③ 分光セル（石英・蓋付）
④ ピペットマンおよびそのチップ
⑤ バクテリオロドプシン試料
⑥ 光照射装置
⑦ 時計

4.3　測定方法

(1) 分光光度計の試料セルの温度を 45 ℃に設定する。

(2) 測定の条件を設定する：　波長スキャン、測定波長範囲 800nm ～ 330nm、走査速度 1,000nm/min、データ間隔 2 nm。

(3) 蒸留水 1 mL を分光セルに入れ、分光光度計にセットする。ベースライン補正を行った後、そのまま一度測定を行い、ベースラインが平坦になっていることを確認する。

(4) バクテリオロドプシン試料 1 mL を分光セルに入れる。

(5) 表示温度が設定温度に達してから 3 分待って、吸収スペクトルを測定する。

(6) 光照射装置で、緑色光を試料に 1 分間照射する。照射後、直ちに吸収スペクトルを測定する。それと同時に時間を計り始める。

(7) 1 分後、2 分後、4 分後、8 分後、16 分後、32 分後に吸収スペクトルを測定する。

(8) 温度を 40 ℃、35 ℃、30 ℃に設定し、(5)～(7) を繰り返す。

(9) 測定し終えたサンプルは元のチューブに戻す。

B. 実験

課題 4

    (1) (6) で測定した光照射直後のバクテリオロドプシンの吸収スペクトルを各温度で比較して示せ。

    (2) 照射直後のスペクトルを基準とし、1分後、2分後、4分後、8分後、16分後、32分後の吸収スペクトルとの差スペクトルを各温度で示せ。

問 10 差吸光度が最大になる波長での吸光度変化 (ΔA) を時間 t に対してプロットし、指数関数を用いて $\Delta A = -a(1 - \exp(-bt))$ で近似する。時間無限大で BR_{trans} と BR_{cis} が 1:1 の割合で存在するとして、平衡反応の反応速度定数を各温度で求めよ。

また、アレニウスの式を用いて、バクテリオロドプシン中でのレチナールのシス-トランス異性化反応の頻度因子および活性化エネルギーを求めよ。ただし、この温度範囲では頻度因子は一定値をとると仮定する。

問 11 タンパク質と解離したレチナールは、380nm の光を吸収してシス‐トランス異性化を起こす。光異性化に必要な光子エネルギーと、熱異性化の活性化エネルギーが比例すると仮定し、解離したレチナールの熱異性化反応の活性化エネルギーを計算により求めよ。また、この異性化反応の頻度因子が上の問で求めた頻度因子と等しいと仮定した場合、解離したレチナールの暗中 (30°C) での熱異性化反応の速度定数を計算し、この速度定数を持つ不可逆反応が 1/2 進行する時間を求めよ。

問 12 バクテリオロドプシン内でタンパク質はレチナールに対して酵素として働いているとみなすことができる。その理由を述べよ。

5 実験 5 (レイリー散乱)

5.1 目的

界面活性剤希釈液の吸収スペクトルを測定し、界面活性剤のミセルによるレイリー散乱 (Rayleigh scattering) が近似的に波長の 4 乗に反比例することを確かめる。

5.2 実験の準備

以下のものを確認する。
  ① 分光光度計   ④ ピペットマンおよびそのチップ
  ② 電子冷熱式恒温セルホルダ ⑤ 界面活性剤希釈液 (25, 22, 19, 16, 10, 5 % 希釈液)
  ③ 分光セル (石英・蓋付)

第10章　生体物質の光計測

5.3　測定方法

(1) 測定の条件を設定する：波長スキャン、測定波長範囲 800 nm〜330 nm、走査速度 1,000 nm/min、デー
タ間隔 2 nm、温度 25 ℃。

(2) 蒸留水 1 mL を分光セルに入れ、分光光度計にセットする。ベースライン補正を行った後そのまま一度
測定を行い、ベースラインが平坦になっていることを確認する。

(3) 希釈された界面活性剤 1 mL を分光セルに入れ蓋をする。この時、800nm の吸収をゼロにするオートゼ
ロ操作は行わない。分光光度計にセットし 3 分後に吸収スペクトルを測定する。

- 測定が終わったら、分光セルを丁寧に洗浄し、次のグループが使いやすいよう装置周辺を整理する。

- 測定したデータは USB メモリなどにコピーして持ち帰ること。

課題 5

(1) それぞれの溶液の吸収スペクトルを重ね書きせよ。

(2) 散乱されなかった光および小さな散乱角で散乱された光（見かけの透過光）のみが検出器に
入射する。それぞれの波長の吸光度から、検出器に入射しなかった光（見かけの散乱光）の
割合を求めよ。

(3) 以下の式を用いて 800nm〜400nm の可視域における見かけの散乱光の割合を近似し、それ
がおおよそ波長 λ の 4 乗に反比例することを、(2) で求めた見かけの散乱光の割合と近似式
をグラフに重ね書きして示せ。

$$見かけの散乱光の割合 = a \, \lambda^{-4} + b$$

(4) a と b を界面活性剤の濃度に対してプロットせよ。

問 13 界面活性剤は臨界ミセル濃度以上の濃度で図 10.8 のようなミセルを形成し、それによりレイリー散
乱が生じる。25〜16 % 希釈液の界面活性剤が全てミセルを形成していると考えた時、500nm での散
乱強度を濃度に対してプロットして、臨界ミセル濃度を求めよ。22, 19, 16 % の濃度でのミセルの平
均体積は、25 %希釈液の平均体積 V_0 のそれぞれ何倍であると想定されるか。

問 14 課題 (4) の誤差はどのような理由で生じると考えられるか考察せよ。

実験上の諸注意

- パラフィルム，ピペットマンチップ，蒸留水などなくなったら補充するので教員まで連絡すること。

- ピペットマンは非常に繊細な器具なので、取り扱いはくれぐれも慎重に行うこと。とくに 1 mL の液
体を吸い上げるときは、本体内部に吸い込まないように、3 秒ぐらいかけるつもりでゆっくり吸い上
げる。

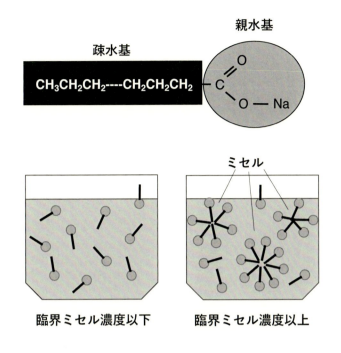

図 10.8: 界面活性剤の性質

- パラフィルムの切れはし，ピペットマンチップなど細かいゴミが多量に出るので、確実にゴミ箱に捨てること。プラスチックゴミを分けること。実験の最終日には掃除を行うこと。

- 試料セルは常にラックに立てて、試料をこぼさないように注意すること。

- DNA、バクテリオロドプシン試料は貴重な試料なので、失敗したと思った時でも安易にやり直さず、教員に相談すること。修復できるケースが多々ある。

- コンピュータ中のデータは基本的に残さないようにすること。

- 保護メガネと手袋が常備されているので、必要に応じて利用すること。

参考文献

[1] 藤本 和宏, 高精度量子化学計算による光生物学へのアプローチ：レチナールタンパク質の光吸収・励起エネルギー移動機構, 生物物理, 2011, 51 巻, 3 号, p. 140-143

付 録 A　　放射線とその測定・取扱いについて

A　放射線とは？

　放射線の種類には大きく分けて、電磁波（X線、γ線等）、荷電粒子線（電子線、β線、α線、重イオン等）、中性粒子線（中性子等）がある。これらはすべてエネルギーを持った微粒子（電磁波の場合は光子）が飛んでくるものとしてとらえることができる。放射線が波ではなく、粒子が飛んできていると考えなくては説明できない現象は多く、この本でもいくつかの実験テーマでそのような現象を扱っている。放射線が物質に入射したときの物質との相互作用は、これら放射線の種類によって大きく異なる。荷電粒子はその電荷により物質中では電子と頻繁に衝突を繰り返すため、一般に物質中の透過力は高くない。一方、光子や中性粒子は電荷を持たないため、物質中の電子との相互作用が荷電粒子に比べて小さく透過力は大きい。

　それぞれの放射線が物質中でどのような相互作用をするのか以下に見ていこう。

B　放射線と物質の相互作用

1　電磁波（光子）

　エネルギーの高い（1 keV 程度以上の）光子（γ線）は物質と主に以下の3種類の相互作用をする。

● 光電効果

　光子がそのエネルギーのほとんど全てを電子に与え、光子自身は消えてなくなるような現象。光子からエネルギーをもらった電子は原子の中の束縛状態から飛び出し、その運動エネルギー T は束縛エネルギーを B とすると、

$$T = E_\gamma - B \tag{A.1}$$

と表される。E_γ は入射光子のエネルギーである。エネルギーの大きな γ 線の場合、E_γ は B に比べて一般に非常に大きいので、$T \approx E_\gamma$ と近似できる。

● コンプトン散乱

　光子と電子との弾性散乱である。散乱前後の光子のエネルギーの関係はエネルギー保存則と運動量保存則から計算できる。光子のエネルギーが原子内電子の束縛エネルギーよりもはるかに大きく、電子を自由電子

付録 A　放射線とその測定・取扱いについて

と見なせるとき、これは以下のように表される。

$$E'_\gamma = \frac{E_\gamma}{1 + \gamma(1 - \cos\theta)}, \qquad \gamma \equiv \frac{E_\gamma}{m_0 c^2} \tag{A.2}$$

ここで θ は光子の散乱角度、m_0 は電子の質量である。また、反跳電子の運動エネルギー T は、

$$T = \frac{\gamma(1 - \cos\theta)}{1 + \gamma(1 - \cos\theta)} E_\gamma \tag{A.3}$$

と表され、その最大値 T_{max} は $\theta = 180°$ のときに

$$T_{max} = \frac{E_\gamma}{1 + 1/(2\gamma)} \tag{A.4}$$

をとる。γ 線のエネルギースペクトル上で T_{max} の位置をコンプトン端 (Compton Edge) と呼ぶ。

● 電子対生成

　原子核のクーロン場内で光子により電子 – 陽電子対が生成され、光子は吸収されてなくなってしまう現象。電子、陽電子の質量をまかなわなければならないため、光子のエネルギーが $2m_0 c^2 = 1.022$ MeV より小さいときには起こらない。

光子の減衰

　細くコリメートされた光子が物質に入射したときの光子束 ϕ の減衰は、単位体積中の原子数を n, 光電効果、コンプトン散乱、電子対生成の断面積をそれぞれ $\sigma_{photo}, \sigma_{comp}, \sigma_{pair}$ とすると、光子全断面積 $\sigma_{tot} = \sigma_{photo} + \sigma_{comp} + \sigma_{pair}$ とおいて、以下の微分方程式で表される。

$$-\frac{d\phi}{dx} = \sigma_{tot} n\phi = \mu\phi \tag{A.5}$$

これを解くと、入射光子束を ϕ_0 として、

$$\phi = \phi_0 e^{-\mu x} \tag{A.6}$$

である。ここで、$\mu = \sigma_{tot} n$ を線減衰係数といい、単位として通常 cm^{-1} が用いられる。μ を物質の密度 ρ で割ったものは、物質の厚さを単位面積当たりの質量（ g/cm^2 ）で表したときの減衰係数となり、質量減衰係数 μ_m と呼ぶ。

2　荷電粒子

　荷電粒子はその電荷により物質中の電子や原子核とクーロン力を及ぼしあい、主に電子との衝突によってエネルギーを失っていく。陽子、α 粒子や原子核などの重い荷電粒子は 1 回の電子との衝突で失うエネルギーは非常に小さい。そのため、重い荷電粒子は物質中で止まるまでに電子と極めて多くの回数の衝突を繰り返す。したがって、その軌跡はほぼ直線となり、軌跡に沿ったエネルギー損失は連続と考えてよい。また、荷電粒子が止まるまでの距離＝飛程、は単一エネルギーの粒子に対してほぼ均一になる。Bethe と Bloch によると物質中の単位長さ当たりのエネルギー損失は、非相対論的近似を用いて、

$$-\frac{dE}{dx} = \frac{4\pi z^2 e^4 n Z}{m_0 v^2} \log\frac{2m_0 v^2}{I} \tag{A.7}$$

と表される。ここで、z：入射粒子の原子番号, v：入射粒子の速度, e：電子の電荷, m_0：電子の質量, n：物質原子の単位体積中の原子数, Z：物質原子の原子番号, I：原子の平均励起エネルギー である。上式でlog の部分はあまり大きく変化しないので一定と考えると、エネルギー損失は入射粒子に関してその電荷 ze と速度 v だけに依存し、その質量には依らない。また、入射粒子の速度が大きいほどエネルギー損失は小さくなる。これは、重い荷電粒子のエネルギー損失の大きな特徴である。荷電粒子が電子の場合は物質中電子との1回の衝突で失うエネルギーは必ずしも小さくなく、また衝突により大きく散乱されやすいためその軌跡はあまりよい直線とはならない。また、同種粒子間の衝突の効果もあり、エネルギー損失は上式と形は似ているが少し違ったものとなる。

3 中性子

電荷を持っていない中性粒子は物質中の電子とクーロン力で衝突できないため、一般的に物質透過力が大きい。中性子の場合は物質中で主に核力による原子核との衝突によりエネルギーを失ったり、あるいは、原子核に捕獲されるなどの核反応を起こしたりする。そのため、高速中性子を減速させるには質量数の小さい水素などを多く含む物質が有効である。

C 放射線の測定

1 放射線測定の目的

放射線測定には非常に広い範囲の目的や用途があるが、おおまかに整理すると以下のようになる。

a) 原子核・素粒子の研究

原子核から放出される放射線として α、β、γ 線などが発見されたが、それら以外にも原子核から放出される核子や核子の集団なども含めて原子核から放出される放射線は、原子核の内部構造や反応など原子核に関する情報を豊富に持っている。また、素粒子の反応でもいろいろな粒子線が発生しそれらは反応に関与する素粒子の性質や反応機構、素粒子の複合粒子の構造などの情報を持っている。したがって、これらの放出された放射線を調べることによって原子核や素粒子の詳しい研究をすることができる。

b) 物質科学への応用研究

放射線は原子核や素粒子自身の情報だけでなく、それら原子核等が置かれている環境に関する情報ももって運んでくれる。固体等の凝集体の中に放射線を出す原子核などをプローブとして入れ、放出された放射線を調べることによって、凝集体の研究をすることができる。

c) 産業への応用

放射線の測定をすることによって工業製品の非破壊検査、薄膜の厚さ測定、微量元素の分析などさまざまな応用が行われている。

d) 医学への応用

最近の医学における放射線とその測定を用いた治療・診断の進歩は目を見張るものがある。電磁波、電子線、陽子線、重粒子線とさまざまな放射線を用いた診断装置、治療装置が開発されている。

e) 安全管理

放射線の取扱いは一歩間違えると大変危険を伴うことになる。五感に訴えない放射線を安全に取り扱うた

付録 A　放射線とその測定・取扱いについて

めには、常時放射線を測定しモニターしておく必要がある。

2　放射線検出器の種類としくみ

a) GM 計数管

GM 計数管はその発明者、Geiger、Müller の名を取って名付けられたガスカウンターの一種である。その構造は図 A.1 に示したように円筒電極の中心に芯線電極を張り、その中には Ne, Ar などの不活性ガスを封入したものである。この円筒に−、芯線に＋の極性の高電圧をかけておく。入射した放射線（荷電粒子）はその軌跡に沿って気体原子をイオン化し電子とイオンを多数生成する。管内には電場がかかっているので、電子はすぐに芯線の方へ加速され別の原子に衝突してこれをイオン化する。このようなことをそれぞれの電子が繰り返すので電子の個数はねずみ算的に増え、芯線にたどり着いたときには観測可能な電荷量となり、これが電圧パルスをつくる。この電圧パルスを計数することにより放射線の数を数えられるようにした装置が GM 計数管である。

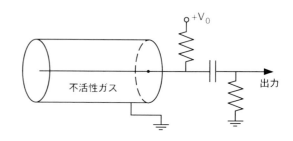

図 A.1: GM 計数管の模式図

b) シンチレーションカウンター

放射線（荷電粒子）が入射すると光を発する物質があり、シンチレーターと呼ばれている。シンチレーターには NaI(Tl), BaF$_2$, CsI(Tl) などの無色透明の無機結晶やプラスチック等の有機材料でできたものなど多数の種類がある。シンチレーター (図 A.2) に光の検出器である光電子増倍管 (図 A.3) をつないだものをシンチレーションカウンターという。光電子増倍管は一種の真空管で、その原理は以下の通りである (図 A.4 参照)。光電子増倍管の光を受ける面は光電面または光電陰極と呼ばれ、アルカリ金属等の電子を飛び出させやすい物質が塗ってあり、入射光の一部はそこで光電効果を起こして多数の光電子を増倍管内部に飛び出させる。そこは真空でかつ電場がかけられており、光電子は加速され金属板に衝突させられる。すると、そこでまたそれぞれの電子は金属板表面から2次電子を複数個放出させる。それを電場により加速してやってさらに次の金属板に衝突させる。このようなことを 10 回程度繰り返すことにより、電気パルスとして観測可能なところまで電子数を増幅するようなしくみの光検出器を光電子増倍管という。シンチレーターが発する光の強度は、一般に放射線がシンチレーター中で失ったエネルギーに比例する。そして、光電子増倍管は一種の増幅器なので出力電気パルスのパルス波高

図 A.2: NaI(Tl) シンチレータ

図 A.3: 光電子増倍管

は光の強度に比例するため、パルス波高を測定することによりエネルギーの測定も可能になる。すなわち、シンチレーションカウンターを用いると放射線の個数だけでなく、そのエネルギーの測定も可能になる。

c) 半導体検出器

シンチレーションカウンターと同様に固体の検出器でかつエネルギーも同時に測定できるものとして半導体検出器がある。半導体検出器は Si, Ge などの半導体を用い、その特徴としてはシンチレーションカウンターよりも優れたエネルギー分解能を挙げることができる。典型的な Si 検出器の外観を図 A.5 に示す。以下にその原理を述べる。Si, Ge などの半導体により一種のダイオードを形成し、逆バイアスをかけておく。この状態では当然電流は流れない。ここに入射した放射線（荷電粒子）は電子を励起することにより軌跡に沿って電子-ホールの対を多数つくる。逆バイアスにより半導体内には電場が生じているから電子、ホールはそれぞれの電極に集められる。集められた電荷は電荷感応型プリアンプにより電圧のパルスに変換し出力される。半導体内に生成される電子-ホール対の数、すなわち電荷量は放射線が半導体内で失ったエネルギーに比例するため、電荷量を測定することによってエネルギーの測定が可能となる。電荷感応型プリアンプでは、この電荷量に比例したパルス波高の電圧パルスを出力する。

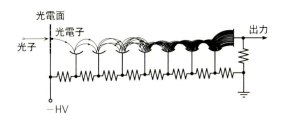

図 A.4: 光電子増倍管の原理

図 A.5: Si 検出器, 左：表面障壁型、右：PIN ダイオード型

3 エネルギーの測定

上に述べたシンチレーションカウンターや半導体検出器では、放射線の個数だけでなく個々の放射線のエネルギーに関する測定ができることを述べた。ここではその場合に用いられる計測技術に関して解説する。上記のような検出器から出力される電圧パルスは、その波高がエネルギーの情報を持っている。マルチチャネルアナライザー（Multi-Channel Analyzer）はこのようなパルスが多数入力されたときに、2次元画面上に横軸がパルス波高（電圧）、縦軸にパルス波高が $V \sim V + dV$ に入ったパルスの個数、すなわちパルス波高スペクトルを表示するようにできている分析装置である。この dV というのは受け付ける最大電圧 V_{max} を何チャネルに分割するかで決まり、$dV = V_{max} /$ (チャネル数) である。このマルチチャネルアナライザーを用いると横軸がエネルギーに対応することになり、測定した放射線の検出器内でのエネルギー損失の分布が一度の測定で得られる。例えば、単一エネルギーの γ 線が検出器の中で全エネルギーを失うことが頻繁に起こるなら、ある特定の波高のパルスが頻繁に入ってくることになり、波高スペクトル上ではピークになる。

付録 A　放射線とその測定・取扱いについて

4　時間の測定

　TAC (Time to Amplitude Converter または Time to Pulse Height Converter) は、入力１と入力２に入ったパルスの時間差をパルス波高に変換して出力する回路モジュールである。これを用いて、２つの信号をTACに入力しその出力を上記のマルチチャネルアナライザーに入力することで、これらの時間差のスペクトルを測定することができる。一般に、ある状態の放射線放出による崩壊を観測する場合は、崩壊数は時間の指数関数で減少していくので、時間差スペクトルは減少する指数関数となり、その傾きの逆数が状態の平均寿命となる。

5　放射線測定のエレクトロニクス

　放射線測定のためのエレクトロニクスは、モジュール化された回路を測定目的に合わせてつなぎあわせ、一つの機能をする回路系を組み立てて用いるのが普通である。どのような国や場所でも回路モジュールが共通に使えるように国際的な規格が決められており、放射線測定によく使われるものにNIM (Nuclear Instrument Module) 規格とCAMAC (Computer Automated Measurement And Control) 規格がある。これらのモジュールはNIM規格ならビン（Bin）, CAMAC規格ならクレート（Crate）と呼ばれる電源供給用のケースに差し込んで用い、ビンやクレートは１９インチラックの任意の位置にねじで固定できる（図 A.6, A.7 参照）。以下によく使われるモジュールのいくつかとモジュールを接続するための同軸ケーブルについて説明する。

図 A.6: NIM ビンとモジュール

図 A.7: CAMAC クレートとモジュール

　［**同軸ケーブル**］：高速パルスの取り扱いでは高周波成分を減衰させることなく、また信号の波形を歪めることなく、1つの回路から他の回路へ信号を送ることが重要である。このために使われるのが伝送線 (Transmission Line) で、一般に同軸ケーブルを用いる。同軸ケーブルは図 A.8 に示すように芯線となる導体とそれを同軸円筒状にとりまく絶縁体、外部導体とからなっている。

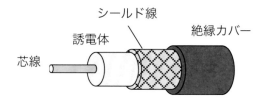

図 A.8: 同軸ケーブルの構造

　この境界条件のもとで同軸ケーブルを高周波の導波管と見なすと TEM (Transverse ElectroMagnetic) モードの進行波が存在する（図 A.9）。TEM モードとは、

電場と磁場の両方とも進行方向に垂直な成分しか持たないモードであり、進行波の伝搬速度は、周波数によらず $1/\sqrt{\epsilon\mu}$ となる。よく使われる信号用 50 Ω 同軸ケーブルの場合、伝搬速度は真空中の光速の約 2／3 で、〜 20 cm/ns である。

次に伝送線を使う上で重要な特性インピーダンス (Characteristic Impedance) とマッチング (Matching) について説明する。伝送線中を電磁波が伝わって行くとき伝送線中の 2 つの導体間に生ずる電圧 V と導体に流れる電流 I の比は伝送線のどの点においても一定で、この比 $Z_0 = V/I$ をその伝送線の特性インピーダンスと呼ぶ。この Z_0 は実数であり (即ち抵抗値で表され) 周波数には依存せず、通常の同軸ケーブルは 50 Ω から 100 Ω の Z_0 を持っている。高周波成分を含む信号をある回路から次の回路に伝送線を通して送るときには、終端に接続される回路の負荷 (伝送線側から見た負荷) を伝送線の特性インピーダンスに一致させる必要がある。これを、「伝送線と回路の

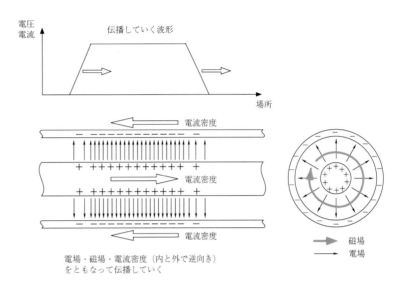

図 A.9: 同軸ケーブルにおける信号の伝搬

図 A.10: 同軸ケーブルのターミネーション

インピーダンスのマッチングをとる」と言う。同軸ケーブルのマッチングをとるには図 A.10 のように終端にその特性インピーダンスと等しい抵抗をつなげばよい。これを同軸ケーブルを抵抗でターミネート (Terminate) すると言う。このとき同軸ケーブルを伝わってきた信号は反射することなく、全てこの終端抵抗に吸収される。ケーブルの終端が適切にターミネートされていない場合は、終端抵抗を Z_L として、次の式で表される反射率 r で反射が起こる。

$$r = \frac{Z_L - Z_0}{Z_L + Z_0} \tag{A.8}$$

この式から明らかなように、

$Z_L = Z_0$ ならば $r = 0$ で反射無し
$Z_L = \infty\ (Z_L \gg Z_0)$ ならば $r = 1$ で 100 ％反射 (極性同じ)
$Z_L = 0\ (Z_L \ll Z_0)$ ならば $r = -1$ で 100 ％反射 (極性反転)

となる。したがって、短絡端からは極性が反転したパルスが反射され、開放端からは極性の同じパルスが反射される。

付 録 A　放射線とその測定・取扱いについて

　オシロスコープの入力インピーダンスが 50 Ω でない場合、50 Ω の特性インピーダンスをもつ同軸ケーブルを用いて信号を見るためには、50 Ω 終端抵抗 (Terminator) を使ってマッチングをとる必要がある。このマッチングが適切でないと、反射パルスを同時に観測することになるので、正常な観測ができない場合がある。同軸ケーブルにはコネクターの形状によるいくつかの規格がある。物理学実験では BNC ケーブル (大きいコネクターのもの)・LEMO ケーブル (小さいコネクターのもの)・高電圧ケーブル (赤い色のケーブル) の 3 種類を使用する。

　[**Amplifier**]：増幅器のことで、一般的には Spectroscopy Amplifier を指す。検出器からの数十 μs 以上の非常に長い指数関数的 tail をもつパルスを数 μs 程度の幅の短いガウス関数型パルスに整形し、波高の線形性を保ちつつ増幅する。増幅率は調整できるが、出力が通常 10V で飽和するので、そこまでの範囲内で適切に設定すべきである。この出力を ADC, Single Channel Analyser などの波高分析回路に入力する。

　[**Discriminator**]：波高弁別器。設定したある波高以上の波高をもつパルスだけに対して、NIM 標準の論理パルスを出力する回路。通常速い負極性の信号に対して用いられる。

　[**Single Channel Analyzer**]：Discriminator と同様で、2 つの波高値を設定でき、その間にある波高のパルスにだけ、対応した論理パルスを出力する。通常遅い正極性の信号に対して用いられる。

　[**ADC**]：Analog to Digital Converter の略。Multi-Channel Analyzer の心臓部に使われ、パルス波高（アナログ量）をチャネル数（デジタル量）に変換するための回路。

　[**MCA**]：Multi-Channel Analyzer の略。MCA では ADC を用いてパルス波高から変換されたチャネル数が内部のメモリーにヒストグラムとして保存される。また、そのヒストグラム（パルス波高スペクトル）は通常画面上に表示されて、解析等ができるようになっている。最近ではパソコンと拡張カード及びソフトウェアを組み合わせたシステムであることが多い。

　[**TAC**]：Time to Amplitude Converter の略。Time to Pulse Height Converter ともいう。start, stop の 2 つの入力の時間差に比例した波高のパルスを出力する。

　[**Charge-Sensitive Preamplifier**]：電荷感応型プリアンプ。半導体検出器等からの電荷出力を積分して増幅し、検出器のもつ静電容量に無関係に電荷量に比例した電圧パルスを得るための回路。

　[**オシロスコープの使い方**]：オシロスコープ (Oscilloscope) は放射線検出器や電子回路を取り扱う際に必要不可欠な道具で、時間の推移とともに電気的信号がどのように変化するかを見る為のものである。
　デジタル・オシロスコープは、入力端子に入ってきた信号を減衰や増幅し、次にアナログ-デジタル変換回路 (ADC) に導く。ADC では、アナログ信号を一定の時間間隔でサンプリングし、デジタル化する。サンプリングレートは 1 秒間の分割数に対応し、1 GS/S とは、1 秒間に 10^9 個に分割することであり、1 分割あたりの時間間隔は 1 ns である。サンプリングされたデータは順次メモリに記録され、その後、必要に応じて処理が施され、そして、ディスプレイ上に波形の形で表示される。

D. 放射線の取り扱い

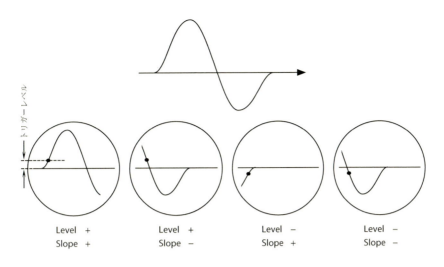

図 A.11: オシロスコープのトリガー

　正しく信号を見るためには、信号が来たときにデータの記録を開始するきっかけ (Timing) を正しく決めてやらなければならない。このきっかけのことをトリガー (Trigger) と呼ぶ。パルスの立ち上がり (＋) でトリガーをかけるか立ち下がり (－) でかけるか (Slope)、またパルスの立ち上がりでトリガーをかけるとしてどれだけの高さに達したときにスイープをはじめるのか (Trigger Level) を正しく決めてやらなければならない（図 A.11）。

D　放射線の取り扱い

1　身の回りの放射線

1.1　自然放射線

　通常の日常生活をしていても我々の体は放射線にさらされている。自然界に存在する放射線を自然放射線と呼び、おおまかに分けると大地から来るものと宇宙から来る宇宙線とがある。大地から来るものには、例えば、図 A.12 に示す ^{40}K などがある。

　これは半減期 12.5 億年で図 A.12 のように崩壊し、β 線、γ 線を放出する。^{40}K は半減期が非常に長いため自然界に存在する安定なカリウムに約 0.01 ％ ほど混じっている。成人のからだには約

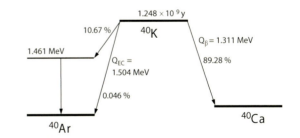

図 A.12: ^{40}K の崩壊様式 [5]

120 から 200 g のカリウムが含まれているため、十数 mg の ^{40}K が体内に存在し、数 kBq の強さで放射線を放出している。ここで、Bq（ベクレル）という単位は放射線源の崩壊頻度を表す単位であり、1 崩壊／1 秒 ＝ 1 Bq である。また、カリウムはコンクリートにも多く含まれているので、一般に鉄筋コンクリートの家に住んでいる人は、木造住宅にすんでいる人より多くの ^{40}K からの放射線を浴びていることになる。

付録 A 放射線とその測定・取扱いについて

このほかにウラン 238 (^{238}U) の崩壊でできるラドン 222 (^{222}Rn) は、無味無臭の気体で地中に含まれており、我々の生活環境中にも多く存在する。壁などの物質に含まれるラジウムやウランの崩壊でこの ^{222}Rn は生成され空気中にガスとして放出される。したがって、密室中では部屋を閉め切ったときから ^{222}Rn の濃度が上昇し、ある時間で平衡に達する。つまり、時々換気をした方が ^{222}Rn による被曝を減らすことができるわけである。

宇宙から来る放射線は、ほとんどが非常にエネルギーの大きな陽子であるが、図 A.13 のように地球大気上層部で核反応を起こし、その結果生成した μ 粒子や γ 線、電子などの 2 次宇宙線も地表に降り注ぐ。したがって、これら 2 次宇宙線を含む宇宙線による被曝は海抜高度に依存し、表 A.1 のようになる。高度が高くなるほど被爆線量率が

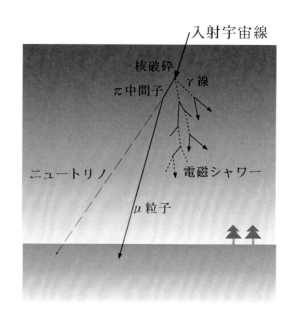

図 A.13: 宇宙線と大気の反応

上がることがわかる。つまり、大気が宇宙線の遮蔽の役割をしているのである。ここで、Sv（シーベルト）は被曝線量の単位で、実効線量とよばれる。これは吸収線量から放射線の種類、被曝した身体の部位による重みを考慮して算出されるものである。

表 A.1: 高度による空間線量率の比較 [6]

場所	空間線量率 (μSv/h)
国際宇宙ステーション内	20.8 〜 41.6
航空機（東京とニューヨーク間）	7.4
富士山頂	0.10
大阪	0.073

年間の地表での宇宙線による被曝と前述の大地からの被曝をまとめると表 A.2 のようになる。これはもちろん地球上のどの地域かに大きく依存する量であるが、日本では両方合わせて自然放射線による被曝は平均的には 2.1 mSv/year である。

表 A.2: 自然放射線による被曝の内訳 [7]

大地放射線源からの体内被曝	大地からの体外被曝	宇宙線
1.47 mSv	0.33 mSv	0.30 mSv

1.2 人工・医療用放射線

一般の人が被曝する放射線のうち、自然放射線とは別に人工的に作りだしている放射線が人工放射線で、そのほとんどが医療用のものである。医療用に用いられる放射線被曝の例としては、胸部 X 線撮影、胃部 X

D. 放射線の取り扱い

線撮影、歯科におけるX線撮影、コンピューター断層撮影、放射性物質による検査、各種放射線治療装置の利用、などが上げられる。これらにおける被曝量は診断・治療の種類や部位等によってさまざまであるが、概して前述の自然放射線による被曝に比べてはるかに大きい。その例を表 A.3 に示す。しかしながら、これらの被曝は本人に直接利益をもたらすので、実験などの放射線業務による被曝とは別に管理されている。

表 A.3: 医療X線撮影と被爆線量 [7]

医療X線撮影	被爆線量 (mSv)
歯科撮影	0.002 ～ 0.001
胸の X 線集団検診	0.06
胃の X 線検診	3
PET 検診	2 ～ 10
CT 検診	2.4 ～ 12.9

2 放射線の人体に対する影響

2.1 確率的影響と確定的影響

放射線の人体に対する影響には確率的影響と確定的影響の2つの種類がある。確率的影響とは、しきい値がなく、どんなに少ない被曝線量でもその量に応じた確率で出現するような影響である。がんの発生や遺伝的影響は確率的影響である。これに対し確定的影響とは、あるしきい値以上の被曝線量を浴びなければ出てこない影響で、しきい値を超えると線量が多いほど症状の重篤度が増すような性質を持つ。がん以外の身体的影響はすべて確定的影響である。表 A.4 に実際多量の放射線を浴びた場合、確定的影響としてどのような身体的症状が起きるかをまとめる。被曝線量の単位である Gy（グレイ）とは、吸収線量と呼ばれ、放射線を受けた物質が単位質量あたりに吸収するエネルギー量である。1 Gy は 1 kg の物質が 1J のエネルギーを吸収した量である。

表 A.4: 多量の放射線を浴びた場合の身体的症状 [7]

被爆線量 (Gy)	身体的症状
0.5	[骨髄] 造血系の機能低下、[目の水晶体]：白内障（視力障害）
4	[皮膚] 一時的脱毛
3 ～ 5	[全身] 50%死亡
3 ～ 6	[生殖腺] 不妊
7 ～ 10	[全身] 100%死亡

3 安全に取り扱うには

放射線をできるだけ安全に取り扱うための3原則は以下の通りである。

1. 距離をとる
   距離の2乗に反比例して放射線強度は弱くなる。
2. 時間をできるだけ短くする
   不必要に長い時間の取り扱いを避ける。作業手順を事前に整理しておく。
3. 遮へいをする
   例えば、^{137}Cs からの 662 keV の γ 線は厚さ 5 cm の鉛で約 1/50 に減衰する。

　実験で用いる放射線源は最も強いものでも 3.7 MBq 未満の密封型のものである。仮に ^{137}Cs 3.7 MBq を人体からの距離 50 cm で用いたとすると、その人の被曝線量は 1.4 μSv/h となる。この値は表1や年間に被曝する自然放射線量（図 A.2）と比べても極めて小さく、正常に使用した場合には、かなりの長時間使用したとしても十分に安全であることがわかる。しかし、ひとたび使用方法を誤ったり、破損・紛失などの事故が起こると、これらの弱線源でもかなり危険な状態になり得るので、やはり使用には注意が必要である。特に α 線源は密封状態が壊れやすく、また、人体に対する影響が大きいため、γ 線源に比べて危険性が非常に大きい。したがって、物理学実験では、学生は決して α 線源の取り扱いを行ってはならない。上記の3原則とは別に、放射線源の取り扱いに関して重要な注意点は、

- 保管庫からの借り出し、返却に際して記帳を怠らない。

- 線源を粗雑に扱わない。

- 線源をポケットなど紛れやすいところに入れない。

などがある。これらを含む線源取り扱いのルールを守り、管理を怠らないことが大切である。

参考文献

[1] G.F. Knoll 著：放射線計測ハンドブック（第2版）（日刊工業新聞）

[2] 山崎文男編：実験物理学講座26　放射線（共立出版）

[3] 河田燕著：放射線計測技術（東京大学出版会）

[4] 国連環境計画編：放射線　その線量, 影響, リスク（同文書院）

[5] National Nuclear Data Center, https://www.nndc.bnl.gov/

[6] 環境省　放射線による健康影響等に関する統一的な基礎資料（令和5年度版）

[7] 日本原子力文化財団　原子力エネルギー図面集 (2024)

付 録B　誤差について

　実験や観測に誤差はつきものであり、「正確だが精密でない実験」や「不正確だが精密な観測」というものがあり得る。正確さ（accuracy）とは真の値への近さを言う。真値というものは人知の及ばぬところであるが、統計学の教えるところにより、繰返し大量に測定するならばその平均（最良推定値）は真の値に近づく。もちろん測定装置自身の偏り等（系統誤差）があれば、真の値からはずれる。精密さ（precision）とはデータの再現性とかばらつき具合を意味し、測定点の分布が偶然誤差に従うならば平均値の周りに正規（ガウス）分布をとる（中心極限定理）。偶然誤差は確率的な意味を含むものであって、測定サンプルの平均値＝最良推定値が真の値と正確に一致するとはいえない。そこである測定値が測定値全体の中にどのぐらいの割合で分布しているかを考え、真値がほぼ確実に存在すると思われる値の範囲を示す方法を採用する。つまり通常実験値は最良推定値±誤差 $(X_{best} \pm \delta x)$ として示され、グラフにおいては各プロット点に誤差棒が付随して示される。通常、実験誤差は有効数字1桁に丸めて示され、最良推定値の有効数字最終桁と誤差の最終桁は同じ位置になるように表す。例えば、最良推定値が92.81で誤差が0.3ならば　表記は 92.8 ± 0.3 とする。但し、例外として誤差の最初の数字が小さいときは1桁多く取る場合がある。例えば、最良推定値が3.62で誤差が1.2ならば、4 ± 1 と丸めるのではなく、3.6 ± 1.2 と表記するのが適切である。

　誤差としては標準偏差あるいは後に述べる標準誤差を用いる場合が多い。

A　誤差

　誤差論は統計学や計算機情報学と関連するほか、絶対測定では「標準」との関連に触れなければならないが、とりあえず物理学生実験をやる上でこれだけは…というミニマムを以下に提示する。多くの誤差論の教科書には言葉の定義や数学が詳しく書かれており、1冊は読んでおくべきであろう。種々のソフトウェアが用意されているご時世であるが、なぜそれが使えるのかという根本的な処を知らずして実験に取り組むのは危険である。

測定値を n 個とする。

測定値	x_1、x_2、…、x_n
平均値	$\bar{x} = \dfrac{1}{n} \sum x_i$
i 番目測定値の平均値との残差	$d_i = x_i - \bar{x}$
標本の標準偏差	$s = \left[\dfrac{1}{n} \sum d_i{}^2 \right]^{\frac{1}{2}}$
真の値	X （測定ではわからない値）
i 番目測定値の真の値との残差	$e_i = x_i - X$

付録 B　誤差について

測定値の真の値との標準偏差　　σ　　データのチラバリを表現する量

標準誤差（平均値の標準偏差）　σ_m　平均値などの推定値の信頼性や精度を示す量

σ は N 個の測定データからなる分布の標準偏差、σ_m は n 回の測定を繰り返し、n 回ごとの平均値を集めたデータの標準偏差である。σ_m は σ の $\frac{1}{\sqrt{n}}$ 倍であり以下の関係式がある。測定値の分布の標準偏差は $n = 1$ の場合の標準誤差と考える事もできる。

$$\sigma_m = \frac{\sigma}{\sqrt{n}}、\qquad \sigma^2 = \frac{n}{n-1}\langle s^2\rangle、\qquad \sigma_m{}^2 = \frac{1}{n-1}\langle s^2\rangle$$

よって、

$$\sigma \approx \left(\frac{n}{n-1}\right)^{\frac{1}{2}}s = \left[\frac{\sum d_i{}^2}{n-1}\right]^{\frac{1}{2}} = \left[\frac{\sum x_i{}^2 - \frac{1}{n}(\sum x_i)^2}{n-1}\right]^{\frac{1}{2}}$$

$$\sigma_m \approx \left(\frac{1}{n-1}\right)^{\frac{1}{2}}s = \left[\frac{\sum d_i{}^2}{n(n-1)}\right]^{\frac{1}{2}} = \left[\frac{\sum x_i{}^2 - \frac{1}{n}(\sum x_i)^2}{n(n-1)}\right]^{\frac{1}{2}}$$

近似になっている理由は、限られた測定データ数から得られる s^2 で、期待値である $\langle s\rangle^2$ を置き換えているからであり、真値からの偏差を元にした理論的な σ や σ_m とは違うためである。実験ではこの近似値をそれぞれ標準偏差、標準誤差として扱う。通常の実験のようにデータ数が少ない場合は n ではなく $n-1$ とすることに注意。文献 [1] など参照のこと。

● 正規分布

$$f(x) = \frac{1}{\sqrt{2\pi}\sigma}\exp\left(\frac{-(x-X)^2}{2\sigma^2}\right)$$

$X = 0$ とすると、x と $x + dx$ の間にある測定値の割合は $f(z)dz$ とかける。ここで

$$f(z) = \frac{1}{2\pi}\exp(-z^2/2)、\qquad z = \frac{x}{\sigma}$$

$-x$ から x の間（すなわち、$X - z\sigma \sim X + z\sigma$ の範囲）にある測定値の割合は、

$$\mathrm{erf}(z) = \sqrt{\frac{2}{\pi}}\int_0^z \exp(-t^2/2)dt、$$

となってこれは誤差関数と呼ばれる。

図 B.1 に正規分布のグラフを示す。およそ erf(1) = 68.2、　　erf (2) = 95.4、　　erf(3) = 99.7、　　erf (4) = 99.99 ％ となる。正確な 95 ％信頼区間としては 1.96σ が使われる。

「ある新粒子を 2σ 以上の有意性で観測した」という場合の意味を考える。この場合、その実験で得られる測定値（例えばエネルギー分布）の全データの分布は既知の粒子エネルギー分布（平均エネルギー $\bar{x}$、その標準偏差 σ）と相違ないという仮説（帰無仮説）を立てる。$x \pm 2\sigma$ を超える事象は確率的に稀であると考えて実際の測定データでその事象が観測された場合、有意（危険）水準 95.4 ％で（正規分布・両側検定の場合）帰無仮説を棄却してこの実験で差があったと判断する。通常は $2\sigma(\sim 95)$ ％ か $3\sigma(\sim 99)$ ％で有意水準を決めておくが、有意水準をどこに置くかは分野によって違い、3σ ではその現象を確

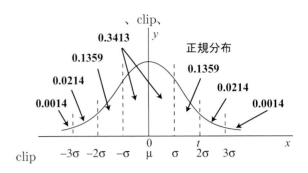

図 B.1: 正規分布の例

認したというのは言い過ぎで、「示唆される」位にすべきだといわれる分野もある。ちなみに正規分布した成績の評価で、$+3\sigma$ を超える人とは偏差値 80 を超えているということだ。なお統計検定では有意水準を後から変更するのは正しくない。また統計有意性を算出しただけでその事象の存在を確定させるのも間違いである。

- **ポアソン分布**

ランダム過程が離散的な測定値を与える場合なら分布はポアソン分布となる。例えば放射性元素の壊変を計数するとき、ある一定時間内の値が ν となる確率は

$$P(\nu \text{カウント}) = P_\mu(\nu) = e^{-\mu} \frac{\mu^\nu}{\nu!}$$

ここで μ はその時間内での平均カウント数の期待値である。繰返し測定すると平均値は $\bar{\nu} = \mu$、標準偏差は $\sigma_\nu = \sqrt{\mu}$ となる。

有効数字:要は意味のある数字と言うことで以下のような約束がある。

1) 最も左の 0 でない数字が最高位の有効数字である。

2) 小数点がないとき最も右の 0 でない数字を最低位の有効数字とする。

3) 小数点があるときは最も右側がゼロであっても有効数字の最低位とみなす。

4) 最高位と最低位の間の数字はすべて有効数字で、その桁数を有効桁数とよぶ。

例　240 →有効桁数は 2 桁とみなされても仕方がない。2.40×10^2 とかけば 3 桁。
1.234 と 1.2340 は意味が違う。自然数は無限の有効数字と考えて良い

付録 B　誤差について

B　誤差伝搬

　加減算では、小数点の位置をそろえて、最低位の有効数字が一番左にある数字を基準にして有効数字の桁を決めるとよい。減算では、桁落ちに注意。乗算では、有効桁数は短いほうの桁数より多くはならない.

誤差を δ で表すとして、測定値が $x \pm \delta x$、$y \pm \delta y$、$\cdots$、$w \pm \delta w$、と示されるものとする。これらを元に q なる数値を計算すると、誤差は以下のように伝搬する。

1)　加減算：$q = x + y + \cdots + z - (u + \cdots + w)$ の形の場合

$$\delta q = \sqrt{\delta x^2 + \cdots + \delta z^2 + \delta u^2 + \cdots + \delta w^2} \qquad \text{(互いに独立なランダム誤差の場合)}$$
$$\delta q \leq \delta x + \cdots + \delta z + \delta u \cdots + \delta w \qquad \text{(常に成立)}$$

測定の最終結果が、$q = x + y$ で示されるとき、x、y がそれぞれ $+1$ の系統誤差を持つ場合、q の系統誤差は $+2$ である。しかし x, y が ± 1 の偶然誤差を持つ場合は q の誤差は ± 2 にならない！

2)　乗除算：$q = \dfrac{x \times \cdots \times z}{u \times \cdots \times w}$ の形であれば、

$$\frac{\delta q}{q} = \sqrt{\left(\frac{\delta x}{x}\right)^2 + \cdots + \left(\frac{\delta z}{z}\right)^2 + \left(\frac{\delta u}{u}\right)^2 \cdots + \left(\frac{\delta w}{w}\right)^2} \quad \text{(互いに独立なランダム誤差の場合)}$$

$$\frac{\delta q}{q} \leq \frac{\delta x}{|x|} + \cdots + \frac{\delta z}{|z|} + \frac{\delta u}{|u|} + \cdots + \frac{\delta w}{|w|} \qquad \text{(常に成立)}$$

3)　B が正確にわかっている場合で、$q = Bx$ の形であれば、　$\delta q = |B| \delta x$

4)　q が x の 1 変数関数 $q(x)$ であれば、　$\delta q = \left|\dfrac{dq}{dx}\right| \delta x$

5)　q が x のべき乗 $q = x^n$ のとき、　$\dfrac{\delta q}{|q|} = |n| \dfrac{\delta x}{|x|}$

6)　q が $x, ..., z$ についての任意の多変数関数であれば、

$$\delta q = \sqrt{\left(\frac{\partial q}{\partial x} \delta x\right)^2 + \cdots + \left(\frac{\partial q}{\partial z} \delta z\right)^2} \qquad \text{(但し互いに独立なランダム誤差の場合)}$$

● 具体例

1)　電卓では　$2.34 \times 4.567 = 10.68678$　となるが、この場合は有効数字 3 桁の数に 4 桁の数字を乗じている。この場合積の有効数字は 3 桁しかない。

2)　エクセルなどで小数計算を行うとき計算機の内部数値には誤差が含まれることを知っておきたい。たとえ 0.1 と表示されていても内部データは 0.1 よりわずかに大きい数字になっていたりして場合によってはこれが問題となる。なお整数計算では誤差はない。整数化するには必要な桁数だけ 10 倍、100 倍などした後、ROUND 関数で小数点以下を四捨五入するとよい。

C　図面（グラフ、写真）や表について

計算機によるグラフ処理は簡単であるが自動処理による弊害に注意が必要である。

1) データの拡がりに対して無意味に表示範囲の広い軸や、表示数値が半端な単位になっているものは良くない。

2) データの測定プロット点は誤差を含めて明示すること。また軸の刻みや表示軸の意味、物理量単位等を明示すること。複数軸がある場合はその違いを明らかにすること。

3) 互いに比較する必要のあるグラフは同じサイズのグラフ領域と刻みで描かれているべきである。

4) 物理実験で測定点を折れ線で繋ぐことにあまり意味はない。データのプロットに追加して、データの関係を最小二乗法などで求めた関係式や理論式の直線や曲線をグラフに追加して記入すること。

5) 片対数や両対数グラフの意味をよく理解してから使うこと。

6) 色は使ってもいいが、印刷の問題や色覚のバリアフリーを意識してコントラストをつけるとともにできれば模様（ハッチング）などを併用すること。

7) 図面と表にはそれぞれ通しの番号を付ける。また表題と説明文をつけて図単体でも理解できるようにすること。表の場合は上側、図面の場合は下につける習慣がある。

8) 実験レポート用に写真を取る場合は、関係ない物は映り込まないように、またサイズがわかるように物差しや比較対象物を一緒に撮るとよい。不適切な図面・写真では結局レポート内容の正確さをも疑われてしまう。

参考文献

[1] 大阪大学物理教育研究会編：基礎物理学実験（学術図書出版社）

[2] 吉沢 康和著：新しい誤差論―実験データ解析法（共立出版）

[3] John R. Tylor 著、林 茂雄、馬場 涼訳：計測における誤差解析入門（東京化学同人）

[4] 粟屋 隆：データ解析―アナログとディジタル（学会出版センター）

索 引

ADC, 178

Amplifier, 178

CAMAC, 52, 176

CCD, 80, 84

Charge-Secsitive Preamplifier, 178

Discriminator, 178

DNA, 153, 160, 161

K_{α_1}, 63

K_{α_2}, 63

K_{α}, 63

K_{β}, 63

live time, 44

NIM, 176

NIM 規格, 39

PSSD, 50, 52

Single Channel Analyzer, 178

SSD, 49

TAC, 43, 176, 178

TPHC, 43

X 線, 62

アミノ酸, 153, 156

α 線, 1, 2, 17

α 線源, 49, 52

α 崩壊, 2

移動度, 95

井戸型ポテンシャル, 84

イメージデータ, 81

宇宙線, 1, 4

X 線, 1

エネルギー

　　—固有値, 84

　　—スペクトル, 13, 17

　　—分解能, 5, 15, 17, 30

エヴァルト球, 67

円形開口, 77, 78

円形ディスク, 77

オシロスコープ, 178

オームの法則, 95

回折, 75

確定的影響, 181

確率的影響, 181

可視光, 84

荷電粒子, 1, 5, 172

花粉, 82

管球, 62

還元ゾーン形式, 93

干渉, 75

完全

　　—導電性, 99

　　—反磁性, 99

ガイガー, 48

γ 線, 1, 2, 8

基本ベクトル, 64

吸光度, 87, 157

吸収

　　—スペクトル, 87

　　—端, 64

共役二重結合, 84, 87

キルヒホッフの積分, 75

189

索 引

禁制帯, 92
金属, 94, 95
逆格子, 64, 79
　　—空間, 64
　　—点, 64
　　—ベクトル, 64
空乏層, 17
クライン・仁科の公式, 25
クロック信号発生器, 40
偶然同時計数, 32
グリューナイゼンの式, 96
蛍光灯, 84
計数率, 4, 5
検出効率, 5, 14
原子
　　—形状因子, 68
　　—の構造, 47
原子核, 1, 4, 9
減衰係数, 8, 172
光子, 1, 8
　　—全断面積, 172
格子, 64
　　—振動, 94
　　体心立方—, 68
　　単純立方—, 68
　　—点, 64
　　—ベクトル, 64
　　面心立方—, 68
酵素, 156
構造因子, 68
高電圧電源, 44
光電効果, 8, 24, 171
光電子増倍管, 13, 24, 174
後方散乱ピーク, 26
黒体輻射, 84, 86
固有領域, 98
コルニューらせん, 77
コンプトン
　　—散乱, 8, 24, 171

—端, 26, 172
—連続部, 26
差分法, 123
散乱
　　—断面積, 48, 54
　　—ベクトル, 66
残留抵抗, 96
色素, 84
シャドウマスク, 82
シュレーディンガー方程式, 84
消滅則, 68
ショットキーバリア, 106
シンクロトロン放射, 62
シングルチャンネル波高分析器, 43
シンチレーション
　　—カウンター, 13, 174
　　—検出器, 24
シンチレーター, 13, 174
Sv（シーベルト）, 180
磁気スペクトロメーター, 9
寿命, 33
自由エネルギー, 157–159
GM 計数管, 6, 174
スリット, 78
正規分布, 184
制動輻射, 63
絶縁体, 91, 94
全光子断面積, 9
装置関数, 86
速度定数, 159
素粒子, 1
増幅器, 42
対流, 120
単位胞, 64
蛋白質, 153, 156
ターミネート, 177
遅延
　　—回路, 41
中性子, 5

190

索引

超伝導, 98
超伝導体, 99
　　高温—, 99
　　第一種—, 99
　　第二種—, 99
直流四端子法, 100
対消滅, 28
電圧分割器, 41
電気
　　—抵抗率, 95
　　—伝導度, 95
電気伝導, 91
電子
　　—基底状態, 86
　　—対生成, 8, 24, 172
　　—なだれ, 7
　　—励起状態, 86
電離, 1, 7
透過スペクトル, 86
統計誤差, 4
特性 X 線, 63
トムソン, 47
同軸ケーブル, 176
同時計測, 23
2 次元格子, 82
ニュートリノ, 9
ヌクレオチド, 153, 156
熱
　　—起電力, 100
　　—伝導, 120
　　—放射, 121
熱電対, 118
白金抵抗温度計, 104
発光
　　—現象, 87
　　—スペクトル, 87
半減期, 33
反射
　　—現象, 88

　　—スペクトル, 88
半値全幅, 30
半導体, 94, 96
　　n 型—, 97
　　—検出器, 17, 175
　　真性—, 97
　　p 型—, 97
　　不純物—, 97
バクテリオロドプシン, 163
バックグラウンド, 4
バビネの定理, 76
バンド, 93
バンドギャップ, 93, 97
π 電子, 84, 87
パルス波高スペクトル, 175
飛程, 18
標準自由エネルギー, 159
標準偏差, 4
微分散乱断面積, 57, 59
ピン止め効果, 108
フェルミ
　　—エネルギー, 94
　　—面, 94
フォノン, 96
複数開口, 79
フラウンホーファー回折, 76
フレネル
　　—回折, 76
　　—積分, 77
粉末 X 線回折法, 71
フーリエ変換, 78
ブラックランプ, 87
ブラッグ, 61
ブリルアンゾーン, 93
分解時間, 7
分光器, 84
分光測定, 84
分散関係, 92
プラトー, 7

191

索 引

平衡定数, 159
He-Ne レーザー, 80
変換利得, 44
Bq（ベクレル）, 179
ベッセル関数, 78
β 線, 1, 2, 9
β 崩壊, 2
ペプチド結合, 155, 156
ホイヘンス-フレネルの原理, 75
崩壊, 1, 2, 4
　　　—定数, 33
　　　—様式, 44
放射性同位体, 2
放射線, 1
　　　—源, 2
　　　自然—, 179
放射能, 1, 4
飽和領域, 98
ポアソン分布, 4, 185
マイスナー効果, 99
マチーセンの法則, 96
マルチチャネル
　　　—アナライザー, 175
　　　—波高分析器, 43
マースデン, 48
ミラー指数, 64
ミリカン, 47
面間隔, 64
モル吸光係数, 157, 160, 162
有効質量, 95
陽電子, 2
四端子法, 100
ラインデータ, 81
ラウエ, 61
　　　—写真, 69
　　　—条件, 67
ラザフォード, 47, 48
ランバート・ビアの法則, 87
立体角, 5

臨界磁場, 99
励起, 1
レンズ, 78
レントゲン, 61
レーザー, 79, 80, 84
ブラッグ
　　　—条件, 67

表紙デザイン…杉山清寛

［第6版］物理学実験

2025年3月31日　初版第1刷発行　　　　　　　　　［検印廃止］

著　者　杉山清寛・福田光順・山中千博・
　　　　下田　正

発行所　大阪大学出版会
　　　　代表者　三成賢次
　　　　〒565-0871　吹田市山田丘2-7
　　　　　　　　　　大阪大学ウエストフロント
　　　　電話　06-6877-1614
　　　　FAX　06-6877-1617
　　　　URL　https://www.osaka-up.or.jp

印刷・製本所　株式会社 遊文舎

ⒸKiyohiro Sugiyama 2021　　　　　　　　Printed in Japan
ISBN978-4-87259-838-4 C3042

JCOPY 〈出版者著作権管理機構 委託出版物〉
本書の無断複製は著作権法上での例外を除き禁じられています。複製される場合は、
その都度事前に、出版者著作権管理機構（電話 03-5244-5088、FAX 03-5244-5089、
e-mail: info@jcopy.or.jp）の許諾を得てください。